相続税・贈与税

農地の納税猶予がスッキリわかる本

仕組みの基礎と活用のポイント

税理士 風岡範哉 著

税務経理協会

はじめに

これまで農地等の納税猶予制度はあまり活用されてきませんでした。

なぜなら、納税猶予制度は市街地の農地を長期にわたって農地のままとする制約がありますが、それよりも宅地化して売却したり、アパート・マンションを建築した方が収益を生み、相続税の節税にもつながったからです。平成27年度改正により相続税の課税対象者が増加し、今もなおそのような相続税対策は加熱した状況となっています。

また、生産緑地は、農地を30年間維持するという制度ですが、その多くは平成4（1992）年に指定されており、そこから30年を経過する令和4（2022）年に一斉に解除がなされて宅地化の勢いは増していくことが予想されています。

一方、これからの時代は、少子高齢化に伴う人口減少や都心回帰により、市街地の宅地は供給が過剰となることも懸念されています。

このような状況の中で、国は、平成27年頃より、市街地農地の必要性を見直し、従来はそれを「宅地化すべきもの」としてきましたが、「あるべきもの」へと転換を図ることとなります。

これにあわせて、税制、特に農地等の納税猶予制度も大きく変わることとなりました。

従来、相続した農地に相続税の納税猶予制度を適用すると、相続税の負担は大きく軽減することができましたが、相続人が自ら耕作をしなければなりませんでした。農地を他の農家に貸すと納税猶予は取り消され、遡って相続税を納める必要があったのです。

しかし、市街地の農地において宅地化を選択しなかった結果、農地を引き継いだ相続人が会社員（サラリーマン兼業農家）であったり、高齢であったりすることが多いため、農地として有効に活用できてないというのが現状でした。

そこで、平成30年度税制改正において、生産緑地においては、他の都市農業者へ農地を貸したり、市民農園として近隣住民へ開放しても引き続き納税猶予制度が適用できることになりました。

つまり、農地にアパート・マンションを建築して収入を得て、相続税の節税を行うという選択肢に加え、納税猶予を適用して相続税の負担を圧縮し、農地の有効利用ができるという選択肢が増えたことになります。

後者は、比較的大きな家賃収入や節税効果は望めませんが、宅地の供給過多が予測される近年において、多額の資金投資（借入）をすることなく、さらには相続税も軽減できるという方法であり注目されています。

このように、一層の活用が期待される農地の納税猶予制度ですが、多くの税理士事務所においては、これまでにあまり適用実績がなく、また、納税猶予制度は、どのような被相続人、相続人に適用できるのか、どのような農地に適用できるのかとても複雑な制度となっているため、イチから制度を調べることに時間と労力を要することとなっています。

さらに、納税猶予制度には、「認定都市農地貸付け等」、「特定農地貸付け」、「特定貸付け」、「農園用地貸付け」といったように似た用語が多くあり、理解を難しくしている一因となります。

そこで、本書においては、初めて納税猶予制度の適用をする税理士及び税理士事務所職員の方向けに、納税猶予制度を活用するためのポイントを紹介し、用語をわかりやすく整理していくことを目的としました。

まず、第1部では、相続税の納税猶予制度について、どのような被相続人、相続人、農地に適用できるのかといった要件を図表も交えての解説を行います。また、納税猶予制度の活用には一定の手続きが必要となり、期限もあることからこれらを誤ると適用したくても適用できないという事態に陥ることとなるため、申告上の注意点にも触れていきます。

第2部では、相続税と密接な関係にある贈与税の納税猶予制度の解説を行います。相続税と同じく、どのような贈与者、受贈者、農地に適用できるのかという要件のほか、申告上の注意点について触れていきます。

第3部では、前述のとおり、近年の改正で大きく変わった、納税猶予を適用しながら農地を貸して有効利用を図るという制度の利用方法について確認していきます。

最後に、農地の納税猶予制度の理解に当たっては、都市計画法や生産緑地法、農地法などの様々な隣接する法律の知識が必要となることから、納税猶予制度に関係するこれらの解説を行っていきます。

なお、本書が刊行できたのも税務経理協会の代表大坪克行氏、編集部中村謙一氏のご尽力によるものとなりますのでこの場を借りて御礼申し上げます。

2022年3月

風岡　範哉

まず、本編に入る前に大前提として農地の納税猶予に関する要点をまとめます。農地については、結論的に、それぞれ所在する地域によって以下のような特徴があります。

○生産緑地

生産緑地であるため、固定資産税は低い農地課税となります。また、農地等の納税猶予の適用が可能です（相続税の納税猶予は終身営農を続ける必要があります）。

なお、農地法の適用除外の認定都市農地貸付け等による貸付けが可能となるため、都市農家へ賃貸や市民農園として賃貸することができ、納税猶予も継続できます。

生産緑地の指定から30年が経過した場合は、10年ごとに延長する特定生産緑地を選択するか、生産緑地を解除して売却するかなどの選択が必要となります。

○三大都市圏特定市の非生産緑地

農地等の納税猶予の適用は、原則として不可となります。相続税は通常の税額となり、また、生産緑地ではないため固定資産税も宅地並み課税となります。

市民農園（特定農地貸付け）は可能ですが、他の農家へ農地を賃貸すると農地法の法定更新などの適用を受けることとなります。高いランニングコストがかかるため、宅地化するか売却するかの選択が必要となります。

なお、田園住居地域における農地は納税猶予の適用が可能となりますが、認定都市農地貸付け等として都市農家への賃貸や市民農園として賃貸すると納税猶予は打切りとなります。

○三大都市圏特定市以外の非生産緑地

農地等の納税猶予の適用が可能です（相続税は20年営農することにより免除）。生産緑地でなくても納税猶予の適用を受けられますので、面積は500㎡（条例によって300㎡）未満でも可能です。

なお、認定都市農地貸付け等による貸付けは不可であるため、都市農家への賃貸や市民農園として賃貸すると納税猶予は打切りとなります。

固定資産税が宅地並み課税か農地課税かは各自治体によります。

○市街化調整区域の農地

市街化調整区域であるため、固定資産税は農地課税となります。また、農地等の納税猶予の適用が可能です（相続税の納税猶予は終身営農を続ける必要があります）。

なお、農地法の適用除外の特定貸付けによる貸付けが可能となるため、大規模農業を行う企業へ賃貸することができ、納税猶予も継続できます。

生産緑地ではありませんので、認定都市農地貸付け等による貸付けはありません。

【貸付けの種類】

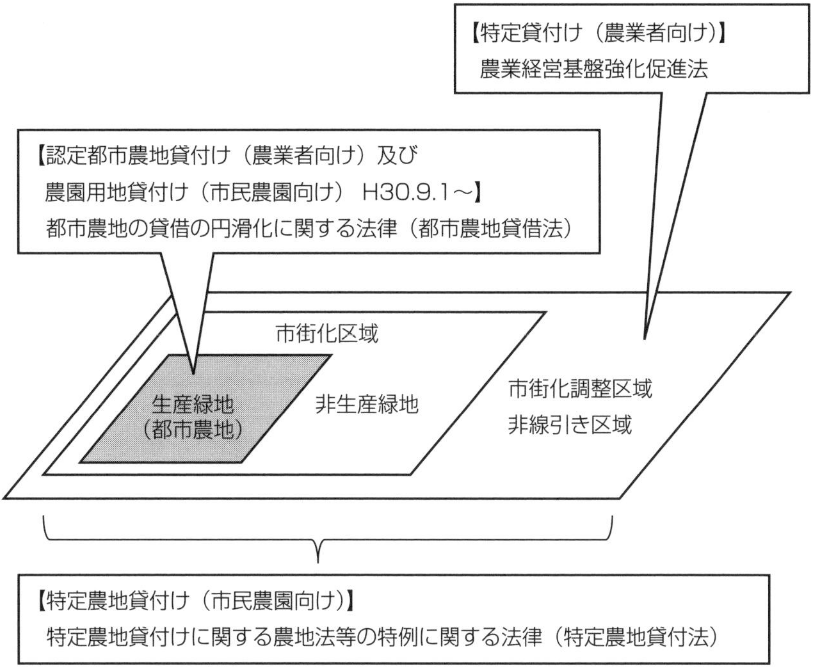

Contents

巻末資料

第 1 章　相続税の納税猶予制度

1 市街地農地の宅地化と農地維持のメリット・デメリット

POINT

宅地化と農地として維持するメリット・デメリットは裏腹の関係にあります。

市街地農地にアパート・マンションを建築するメリットは、安定的な家賃収入と大幅な相続税の節税ですが、建築コストがかかるため借入金の返済が続き、また、築年数が経過して空室が目立つようになると長期的にみて収支が赤字になるリスクがあります。

一方、農地を継続するのであればそのような投資をする必要はありませんが、家賃収入ほどの収入を得ることは難しいといえます。

(1) 宅地化

市街地農地にアパート・マンションを建築するメリットは、何といっても大幅な相続税の負担軽減です。農地に建物を建築すると、貸家建付地として不動産の評価額が圧縮され、相続時点における借入金残高が債務として控除されます。

次に、土地活用の面では、定期的に家賃収入が入ってきます。

一方、懸念事項としては、何千万円、何億円という建築コストがかかり、借入金の返済が続くことです。さらに、築年数が経過し、空室が目立つようになると家賃収入が減り、加えて外壁や室内設備の修繕が続くと出費がかさむという点があります。

大きな節税効果は魅力的なものです。ただし、長期的にみて収支が赤字になると、節税効果を帳消しにしてしまう可能性があります。したがって、まずは長期的に安定した収入が見込める立地かどうかが大きなポイントとなります。

(2) 農地の維持

農地を継続するメリットは、何千万円、何億円という投資をする必要がないことです。

また、生産緑地であれば、毎年の固定資産税の負担は小さくなります。

ただし、農地から生じる収入は僅かなものとなり、土地所有者が会社員であったり、高齢であったりすると耕作放棄地となる可能性もあります。

また、生産緑地であってもなくても相続税は宅地並みの評価・課税となり、ケースによっては何千万円という税負担となります。

(3) 新たな選択肢

そこで、近年の新しい選択肢として、相続税の納税猶予制度を適用して相続税の負担を圧縮し、生産緑地とすることで固定資産税の負担を小さくして、さらに都市農業者へ貸したり、市民農園として貸すことで収入を得て、農地の有効活用を図るということが考えられます。

不動産経営ほど大きな節税効果、家賃収入は得られませんが、長期的にみて資金繰りの悪化というリスクは回避できます。

図表1 宅地化か農地の維持か

	宅地化（不動産経営）	農地維持
メリット	・相続税が大幅に圧縮される ・家賃収入が得られる ・耕作放棄が回避できる	・毎年の固定資産税が低い（生産緑地） ・多額の投資は不要となる
デメリット	・毎年の固定資産税の負担が大きい ・建築コストがかかる ・空室や修繕のリスクがある	・相続税の負担が大きい ・収入がゼロ又は僅少 ・耕作放棄地になりやすい

⇩ 農地のデメリットを解消する。

・相続税の負担が大きい……相続税の納税猶予制度を活用して税負担を圧縮。生産緑地とすることで固定資産税も軽減。
・収入がゼロ又は僅少………市民農園として、また、都市農家へ賃貸することで収入が得られる。
・耕作放棄地になりやすい…賃貸することで農地が有効活用できる。

⇩

不動産経営ほどの大きな収入や節税効果は得られませんが、長期的にみて資金繰りの悪化というリスクは回避できる。

2　相続税の納税猶予制度とは

POINT

農地等の相続税の納税猶予とは、農業を営む者が死亡し、農地を相続した相続人が、引き続き営農を継続することを条件に、その農地に対する相続税の納税を猶予する制度です。

(1)　制度ができた背景

農家の資本は農地です。かつて昭和22（1947）年改正前の旧民法では、家督相続制度により農家の長男がすべての農地を相続し、引き続き農業を継続していくことができました。

しかし、改正後の民法では、相続人全員がそれぞれの相続分に応じて財産を相続（均等相続）することができるようになり、相続によって農地が細分化するという問題が発生しました。

そこで、遺産相続による農地の細分化を防ぎ、農業後継者の育成等を税制面から支援するため、昭和39（1964）年、まずは贈与税の納税猶予制度が創設されました。

この制度は、農業を営む者（贈与者）が、推定相続人の1人（受贈者）に対し、農業に必要な農地を生前に一括して贈与した場合には、その農地にかかる贈与税を贈与者の死亡のときまで猶予する（贈与者の死亡のときに相続税を課する）というものです。

イメージは相続時精算課税制度のようなものであり、いずれ相続のときに農地に税が課されるという点では変わりませんが、生前のうちに後継者を定めて農地をすべて贈与しておくことができるというメリットがあります。

ただし、贈与税の納税猶予により農地の細分化は防ぐことができたとしても、相続のときに宅地並みの高い相続税が課税されてしまうと、農業を継続したくても相続税を納めるために農地を売却せざるを得ないという問題は残ります。

そのため、昭和50（1975）年に相続税の納税猶予が創設されました。農業を営む者が死亡したり、前述の贈与税の納税猶予制度を利用した贈与者が死亡したとき、農地を相続した農業相続人が、引き続き営農を継続することを条件に、相続税の納税を猶予するというものです。

この制度により、農地等を継承した相続人が営農を続けていく限りにおいて、相続税及び贈与税の負担は猶予されていくこととなります。

このような贈与税及び相続税の納税猶予を利用することにより、農地を先代から2代目に生前贈与する際に贈与税を猶予し、相続の際には相続税を猶予し、同様に3代目に農地を生前贈与して贈与税を猶予し、また相続のときに相続税を猶予することで農地に対する課税を繰り延べることができるというわけです(図表2)。

図表2 贈与税の納税猶予と相続税の納税猶予の関係

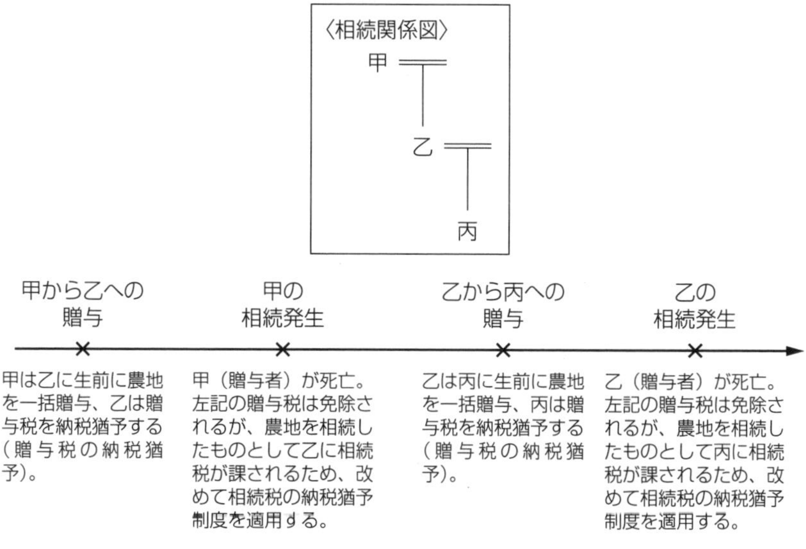

営農を続けていく農家にとって、これらの制度を活用することは、次世代に農地を継承していくという点でとても有効な税制となります。

(2) 納税猶予制度の概要

本書では、実務上頻度の多い相続税の納税猶予から解説していくこととします。

相続税の納税猶予は、被相続人が農地等において農業経営を行っており、かつ、相続人がその農地等を取得して引き続き農業経営を継続する場合に適用できます。

ちなみに、相続税は、個人が被相続人から相続又は遺贈によって財産を取得した場合に、その取得した財産に課される税金です。相続や遺贈によって取得した財産の合計額から債務・葬式費用を控除して課税価格を計算します。相続人は、相続の開始があったことを知った日の翌日から10か月以内に申告・納税する必要があります。

また、この制度では、農地及び採草放牧地、準農地をあわせて「農地等」といいます。

納税猶予制度の仕組みは、まず、被相続人の相続税を通常どおり計算します。そこで算出された相続税額を「本来の税額」といいます。

次に、納税猶予を適用する農地を農業投資価格で再評価して相続税を算出します。そこで算出された相続税額を「農業投資価格による相続税額」といいます。

そして、通常の計算による「本来の相続税額」と「農業投資価格による相続税額」との差額が猶予されることになります（図表3。以下、特例を適用する農地等を「特例適用農地等」といい、猶予される相続税額を「農地等納税猶予税額」といいます）。

図表3 納税猶予額のイメージ

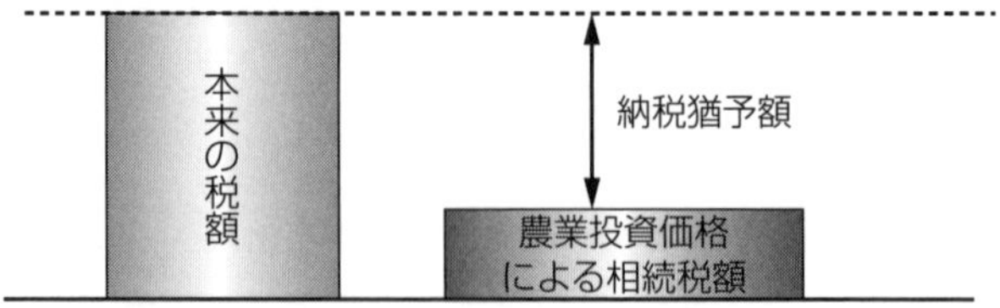

例えば、被相続人の所有していた農地の路線価が1 m^2 当たり100,000円、地積が1,000 m^2 であるとします。通常の農地の評価では、100,000円/m^2×1,000 m^2＝1億円となります。

これに対し、農業投資価格は、東京都の畑であれば 10 アール（1 アール＝100 m^2）当たり 940 千円となりますので、1,000 m^2 の土地では 940 円/m^2 × 1,000 m^2 ＝ 940,000 円となります。

市街地の農地について、通常であれば 1 億円で評価するところ、94 万円として評価するのですからその差はかなり大きなものとなります（計算例については 36 頁参照）。

この制度を適用した相続人は、納税が猶予されている期間中、3 年ごとに、この特例を継続して受ける旨を所轄の税務署へ届出していくこととなります。

なお、特例適用農地等について、納税猶予の期間中に宅地化したり、譲渡や贈与、農地転用、賃貸、使用貸借による貸付け、耕作の放棄をした場合には、原則として、納税猶予税額の全部又は一部を納付しなければならないことになります。

(3) 納税猶予適用の要件

相続税の納税猶予制度の適用を受けるためにはいくつかのポイントがあります。

第一に、どのような農地を所有していたら適用できるのかという点です。

第二に、どのような被相続人が適用できるのかという点です。

第三に、どのような相続人が適用できるのかという点です。

最後に、納税猶予期間中に要件を満たさなくなった場合にどうなるのかという点です。

次から、相続税の納税猶予を適用するための以上のようなポイントを解説していくこととします。

図表4 要件の判定フローチャート

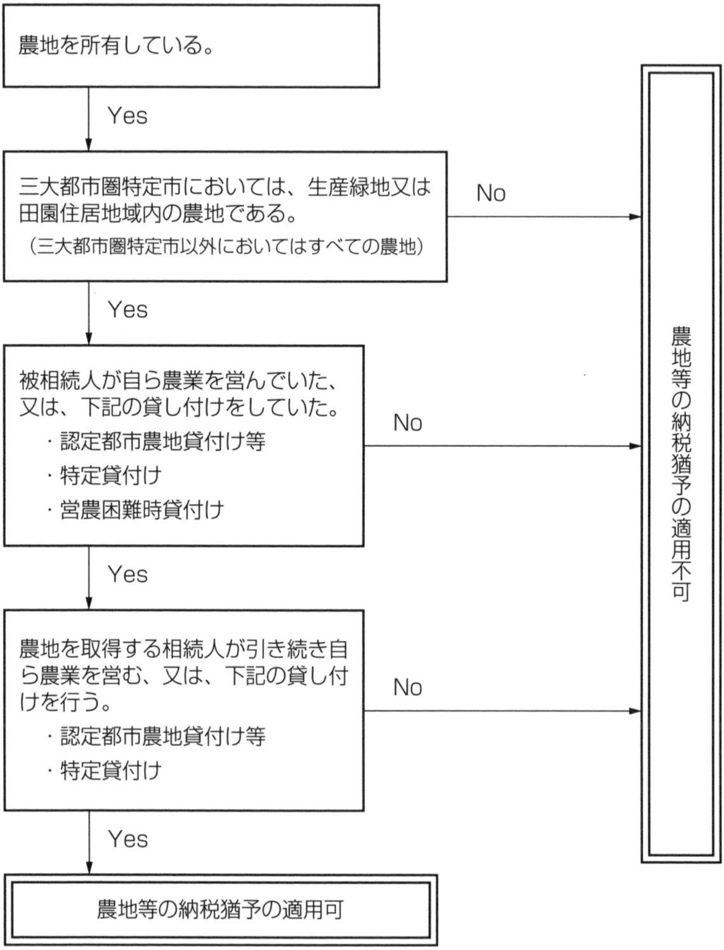

3 特例の対象となる農地

1 対象となる農地等の範囲

POINT

三大都市圏特定市においては、原則として、生産緑地又は田園住居地域内にある農地でなければ納税猶予の適用を受けることができません。

三大都市圏特定市以外においては、生産緑地でなくても特例を受けることができます。

農地等の納税猶予の適用を受けることができるか否かは、その農地がどこに所在するのかにより異なります。

まず、特例を適用したい農地が三大都市圏特定市に所在するのか、三大都市圏特定市以外に所在するのかという点です。

三大都市圏特定市においては、原則として、生産緑地又は田園住居地域内にある農地でなければ納税猶予の適用を受けることができません。

一方、三大都市圏特定市以外においては、生産緑地かどうかにかかわらず特例を受けることができます（図表5）。

図表5 特例の対象となる農地等の範囲

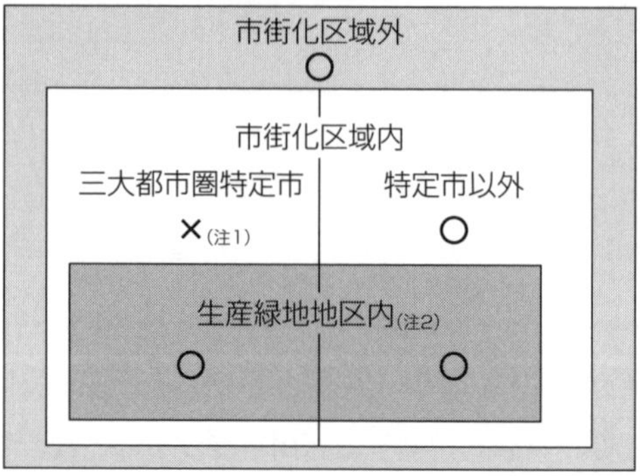

（注1） 都市計画法に基づき田園住居地域の指定を受けた区域内の農地は特例の適用対象となります。
（注2） 生産緑地地区の都市計画の告示日から30年が経過した生産緑地のうち、特定生産緑地の指定がされなかったものは適用できません。

2 三大都市圏特定市とは

POINT

三大都市圏特定市とは、首都圏、中部圏、近畿圏の３つの都市圏のうち、平成３年１月１日時点で租税特別措置法通達が定める都市（東京都の特別区を含む190市）をいいます。

三大都市圏特定市とは、平成３年１月１日において、図表6に掲げる特定市（東京都の特別区を含む190市）をいいます。これは、「租税特別措置法（相続税法の特例関係）の取扱いについて（法令解釈通達）」70の4−2において定められています。

図表6の都市の市街化区域内の農地においては、原則として、生産緑地の指定を受けているものであれば、終身営農することによって納税猶予の適用を受けることができます。

一方、図表6にない、例えば、羽村市や静岡市、浜松市、清須市等における市街化区域内農地は、生産緑地の指定を受けていれば終身営農、指定を受けていなければ20年営農することで納税猶予制度の適用ができます（面積の要件もありません)。

図表6 三大都市圏特定市

区分	都府県名	都市名
首都圏（106市）	茨城県（5市）	竜ヶ崎市、水海道市、取手市、岩井市、牛久市
	埼玉県（36市）	川口市、川越市、浦和市、大宮市、行田市、所沢市、飯能市、加須市、東松山市、岩槻市、春日部市、狭山市、羽生市、鴻巣市、上尾市、与野市、草加市、越谷市、蕨市、戸田市、志木市、和光市、桶川市、新座市、朝霞市、鳩ケ谷市、入間市、久喜市、北本市、上福岡市、富士見市、八潮市、蓮田市、三郷市、坂戸市、幸手市
	東京都（27市）	特別区、武蔵野市、三鷹市、八王子市、立川市、青梅市、府中市、昭島市、調布市、町田市、小金井市、小平市、日野市、東村山市、国分寺市、国立市、福生市、多摩市、稲城市、狛江市、武蔵村山市、東大和市、清瀬市、東久留米市、保谷市、田無市、秋川市
	千葉県（19市）	千葉市、市川市、船橋市、木更津市、松戸市、野田市、成田市、佐倉市、習志野市、柏市、市原市、君津市、富津市、八千代市、浦安市、鎌ヶ谷市、流山市、我孫子市、四街道市
	神奈川県（19市）	（横浜市）、（川崎市）、横須賀市、平塚市、鎌倉市、藤沢市、小田原市、茅ケ崎市、逗子市、相模原市、三浦市、秦野市、厚木市、大和市、海老名市、座間市、伊勢原市、南足柄市、綾瀬市
中部圏（28市）	愛知県（26市）	（名古屋市）、岡崎市、一宮市、瀬戸市、半田市、春日井市、津島市、碧南市、刈谷市、豊田市、安城市、西尾市、犬山市、常滑市、江南市、尾西市、小牧市、稲沢市、東海市、尾張旭市、知立市、高浜市、大府市、知多市、岩倉市、豊明市
	三重県（2市）	四日市市、桑名市
近畿圏（56市）	京都府（7市）	（京都市）、宇治市、亀岡市、向日市、長岡京市、城陽市、八幡市
	大阪府（32市）	（大阪市）、守口市、東大阪市、堺市、岸和田市、豊中市、池田市、吹田市、泉大津市、高槻市、貝塚市、枚方市、茨木市、八尾市、泉佐野市、富田林市、寝屋川市、河内長野市、松原市、大東市、和泉市、箕面市、柏原市、羽曳野市、門真市、摂津市、泉南市、藤井寺市、交野市、四條畷市、高石市、大阪狭山市
	兵庫県（8市）	（神戸市）、尼崎市、西宮市、芦屋市、伊丹市、宝塚市、川西市、三田市

	奈良県 (9市)	奈良市、大和高田市、大和郡山市、天理市、橿原市、桜井市、五条市、御所市、生駒市

（注1）□は措置法70条の4第2項3号イに掲げる区域、（　）書は同号ロに掲げる区域、その他は同号ハに掲げる区域に所在する市を示す。なお、⬚書は同号ハに掲げる区域のうち首都圏整備法（昭和31年法律第83号）の既成市街地又は近畿圏整備法（昭和38年法律第129号）の既成都市区域に所在する市を示します。

（注2）表中の都市名は平成3年1月1日におけるものです。

3 納税猶予制度及び他制度における三大都市圏特定市

POINT

納税猶予制度における「三大都市圏特定市」は、租税特別措置法通達が定める平成3年1月1日時点のものをいいます。

地積規模の大きな宅地における「三大都市圏特定市」及び固定資産税における「三大都市圏特定市」とは範囲が異なるため注意が必要です。

単に「三大都市圏特定市」といっても、納税猶予制度や地積規模の大きな宅地の評価、固定資産税において「三大都市圏特定市」が使われています。

それぞれに違いがあり、「三大都市圏特定市」という場合には、どの制度のことを指しているのかを確認する必要があります。

(1) 地積規模の大きな宅地

まず、相続税・贈与税の土地評価における「地積規模の大きな宅地の評価」です（財産評価基本通達20–2）。

そこでは、地積規模の大きな宅地の定義として、三大都市圏においては500 m^2以上、それ以外の地域においては1,000 m^2以上の地積の宅地をいうとされ、対象地は図表7にまとめられています（国税庁「(平成30年1月1日以降用)「地積規模の大きな宅地の評価」の適用要件チェックシート」)。

つまり、地積規模の大きな宅地にいう「三大都市圏特定市」とは、現時点での三大都市圏特定市に含まれるものをいい、納税猶予制度でいう平成3年1月1日時点の「三大都市圏特定市」とは範囲が異なります。例えば、羽村市は、納税猶予制度においては三大都市圏特定市以外に該当しますが、地積規模の大きな宅地の定義においては 500 m^2 以上となります。

図表 7 地積規模の大きな宅地の評価における三大都市圏の範囲

圏名	都府県名	都市名	
首都圏	東京都	全域	特別区、武蔵野市、八王子市、立川市、三鷹市、青梅市、府中市、昭島市、調布市、町田市、小金井市、小平市、日野市、東村山市、国分寺市、国立市、福生市、狛江市、東大和市、清瀬市、東久留米市、武蔵村山市、多摩市、稲城市、羽村市、あきる野市、西東京市、瑞穂町、日の出町
	埼玉県	全域	さいたま市、川越市、川口市、行田市、所沢市、加須市、東松山市、春日部市、狭山市、羽生市、鴻巣市、上尾市、草加市、越谷市、蕨市、戸田市、入間市、朝霞市、志木市、和光市、新座市、桶川市、久喜市、北本市、八潮市、富士見市、三郷市、蓮田市、坂戸市、幸手市、鶴ケ島市、日高市、吉川市、ふじみ野市、白岡市、伊奈町、三芳町、毛呂山町、越生町、滑川町、嵐山町、川島町、吉見町、鳩山町、宮代町、杉戸町、松伏町
		一部	熊谷市、飯能市
	千葉県	全域	千葉市、市川市、船橋市、松戸市、野田市、佐倉市、習志野市、柏市、流山市、八千代市、我孫子市、鎌ケ谷市、浦安市、四街道市、印西市、白井市、富里市、酒々井町、栄町
		一部	木更津市、成田市、市原市、君津市、富津市、袖ケ浦市
	神奈川県	全域	横浜市、川崎市、横須賀市、平塚市、鎌倉市、藤沢市、小田原市、茅ケ崎市、逗子市、三浦市、秦野市、厚木市、大和市、伊勢原市、海老名市、座間市、南足柄市、綾瀬市、葉山町、寒川町、大磯町、二宮町、中井町、大井町、松田町、開成町、愛川町
		一部	相模原市
	茨城県	全域	龍ケ崎市、取手市、牛久市、守谷市、坂東市、つくばみらい市、五霞町、境町、利根町
		一部	常総市
近畿圏	京都府	全域	亀岡市、向日市、八幡市、京田辺市、木津川市、久御山町、井手町、精華町
		一部	京都市、宇治市、城陽市、長岡京市、南丹市、大山崎町

近畿圏	大阪府	全域	大阪市、堺市、豊中市、吹田市、泉大津市、守口市、富田林市、寝屋川市、松原市、門真市、摂津市、高石市、藤井寺市、大阪狭山市、忠岡町、田尻町
		一部	岸和田市、池田市、高槻市、貝塚市、枚方市、茨木市、八尾市、泉佐野市、河内長野市、大東市、和泉市、箕面市、柏原市、羽曳野市、東大阪市、泉南市、四条畷市、交野市、阪南市、島本町、豊能町、能勢町、熊取町、岬町、太子町、河南町、千早赤阪村
	兵庫県	全域	尼崎市、伊丹市
		一部	神戸市、西宮市、芦屋市、宝塚市、川西市、三田市、猪名川町
	奈良県	全域	大和高田市、安堵町、川西町、三宅町、田原本町、上牧町、王寺町、広陵町、河合町、大淀町
		一部	奈良市、大和郡山市、天理市、橿原市、桜井市、五條市、御所市、生駒市、香芝市、葛城市、宇陀市、平群町、三郷町、斑鳩町、高取町、明日香村、吉野町、下市町
中部圏	愛知県	全域	名古屋市、一宮市、瀬戸市、半田市、春日井市、津島市、碧南市、刈谷市、安城市、西尾市、犬山市、常滑市、江南市、小牧市、稲沢市、東海市、大府市、知多市、知立市、尾張旭市、高浜市、岩倉市、豊明市、日進市、愛西市、清須市、北名古屋市、弥富市、みよし市、あま市、長久手市、東郷町、豊山町、大口町、扶桑町、大治町、蟹江町、阿久比町、東浦町、南知多町、美浜町、武豊町、幸田町、飛島村
		一部	岡崎市、豊田市
	三重県	全域	四日市市、桑名市、木曽岬町、東員町、朝日町、川越町
		一部	いなべ市

（注） 平成28年4月1日現在。「一部」の欄に表示されている市町村は、その行政区域の一部が区域指定されているものであり、評価対象地が指定された区域内に所在するか否かは、当該宅地の所在する市町村又は府県の窓口で確認する必要がある。

(2) 固定資産税

次に、固定資産税における「三大都市圏特定市」です。

固定資産税は、三大都市圏特定市にある農地については宅地並み評価・宅地並み課税が行われています。

そして、ここでいう「三大都市圏特定市」とは、現時点での三大都市圏特定市に含まれるものをいい、納税猶予制度でいう平成3年1月1日時点の「三大都市圏特定市」とは範囲が異なります。例えば、埼玉県の熊谷市は平成17年10月の合併により特定市となっています。そのため、納税猶予制度においては三大都市圏特定市以外に該当しますが、合併以後の農地の固定資産税は、宅地並み評価・宅地並み課税の特定市街化区域内農地課税になります（なお、合併特例法により5年間の猶予があり、平成23年度の課税から適用となります）。

図表8 特定市街化区域内農地対象市一覧

圏域名	都道府県名	市町村名
首都圏 113市	茨城県 7市	龍ヶ崎市、取手市、坂東市、牛久市、守谷市、常総市、つくばみらい市
	埼玉県 37市	川越市、川口市、行田市、所沢市、飯能市、加須市、東松山市、春日部市、狭山市、羽生市、鴻巣市、上尾市、草加市、越谷市、蕨市、戸田市、入間市、朝霞市、志木市、和光市、新座市、桶川市、久喜市、北本市、八潮市、富士見市、三郷市、蓮田市、坂戸市、幸手市、鶴ヶ島市、日高市、吉川市、さいたま市、ふじみ野市、熊谷市、白岡市
	千葉県 23市	千葉市、市川市、船橋市、木更津市、松戸市、野田市、成田市、佐倉市、習志野市、柏市、市原市、流山市、八千代市、我孫子市、鎌ヶ谷市、君津市、富津市、浦安市、四街道市、袖ヶ浦市、印西市、白井市、富里市
	東京都 27市	特別区、八王子市、立川市、武蔵野市、三鷹市、青梅市、府中市、昭島市、調布市、町田市、小金井市、小平市、日野市、東村山市、国分寺市、国立市、福生市、狛江市、東大和市、清瀬市、東久留米市、武蔵村山市、多摩市、稲城市、羽村市、あきる野市、西東京市
	神奈川県 19市	横浜市、川崎市、横須賀市、平塚市、鎌倉市、藤沢市、小田原市、茅ヶ崎市、逗子市、相模原市、三浦市、秦野市、厚木市、大和市、伊勢原市、海老名市、座間市、南足柄市、綾瀬市
中部圏 38市	愛知県 33市	名古屋市、岡崎市、一宮市、瀬戸市、半田市、春日井市、津島市、碧南市、刈谷市、豊田市、安城市、西尾市、犬山市、常滑市、江南市、小牧市、稲沢市、東海市、大府市、知多市、知立市、尾張旭市、高浜市、岩倉市、豊明市、日進市、愛西市、清須市、北名古屋市、弥富市、あま市、みよし市、長久手市

	三重県 3市	四日市市、桑名市、いなべ市
	静岡県 2市	静岡市、浜松市
近畿圏 63市	京都府 10市	京都市、宇治市、亀岡市、城陽市、向日市、長岡京市、八幡市、京田辺市、南丹市、木津川市
	大阪府 33市	大阪市、堺市、岸和田市、豊中市、池田市、吹田市、泉大津市、高槻市、貝塚市、守口市、枚方市、茨木市、八尾市、泉佐野市、富田林市、寝屋川市、河内長野市、松原市、大東市、和泉市、箕面市、柏原市、羽曳野市、門真市、摂津市、高石市、藤井寺市、東大阪市、泉南市、四條畷市、交野市、大阪狭山市、阪南市
	兵庫県 8市	神戸市、尼崎市、西宮市、芦屋市、伊丹市、宝塚市、川西市、三田市
	奈良県 12市	奈良市、大和高田市、大和郡山市、天理市、橿原市、桜井市、五條市、御所市、生駒市、香芝市、葛城市、宇陀市、

（注） 平成30年4月1日現在

（出典）国土交通省「特定市街化区域内農地対象市（三大都市圏特定市）一覧」

巻末資料において、各制度における三大都市圏の範囲をまとめていますのでそちらも参考にしてください。

4 用語の定義

POINT

納税猶予制度においては、「都市営農農地等」、「特定市街化区域農地等」、「生産緑地地区内農地等」、「市街化区域内農地等」、「市街化区域外農地等」など様々な用語が使われており、それぞれの意味を理解しておく必要があります。

（1） 用語の意義

第一に、市街化区域内の農地です。

三大都市圏特定市においては、生産緑地について納税猶予の適用ができますが、田園住居地域にある農地についても納税猶予の適用が可能となります。この2つの農地を「都市営農農地等」といいます。

三大都市圏特定市の市街化区域内に所在する農地で、都市営農農地等に該当しないものを「特定市街化区域農地等」といいます。

そして、三大都市圏特定市以外における市街化区域においては、生産緑地であってもなくても納税猶予の適用は受けられますが、生産緑地を「生産緑地地区内農地等」といい、生産緑地でないものを「市街化区域内農地等」といいます。

第二に、市街化調整区域や非線引き区域についてです。

市街化調整区域や非線引き区域といった市街化区域外にある農地を「市街化区域外農地等」といいます。

(2) 農地の区分による違い

農地等の納税猶予を適用した場合、「都市営農農地等」や「生産緑地内農地等」、「市街化区域外農地等」であれば、農地を引き継いだ農業相続人が終身営農をする必要があります。

一方、「市街化区域内農地等」については20年営農することにより相続税は免除となります。

なお、「特定市街化区域農地等」においては納税猶予制度の適用を受けることができません。

また、納税猶予の期間中、生産緑地においては、一定の貸付け（認定都市農地貸付けや農園用地貸付け）を行っても納税猶予は継続できますが、「市街化区域内農地等」や「都市営農農地等」のうち生産緑地でないものについてはその貸付けを行うことができません。

このように、それぞれ農地の区分により要件が異なってくるので、用語の意味と適用要件をしっかり把握しておく必要があります。

これらの農地の所在する地域と納税猶予の適用の可否をまとめると **図表9** のとおりです。

図表9 農地の区分と納税猶予の可否

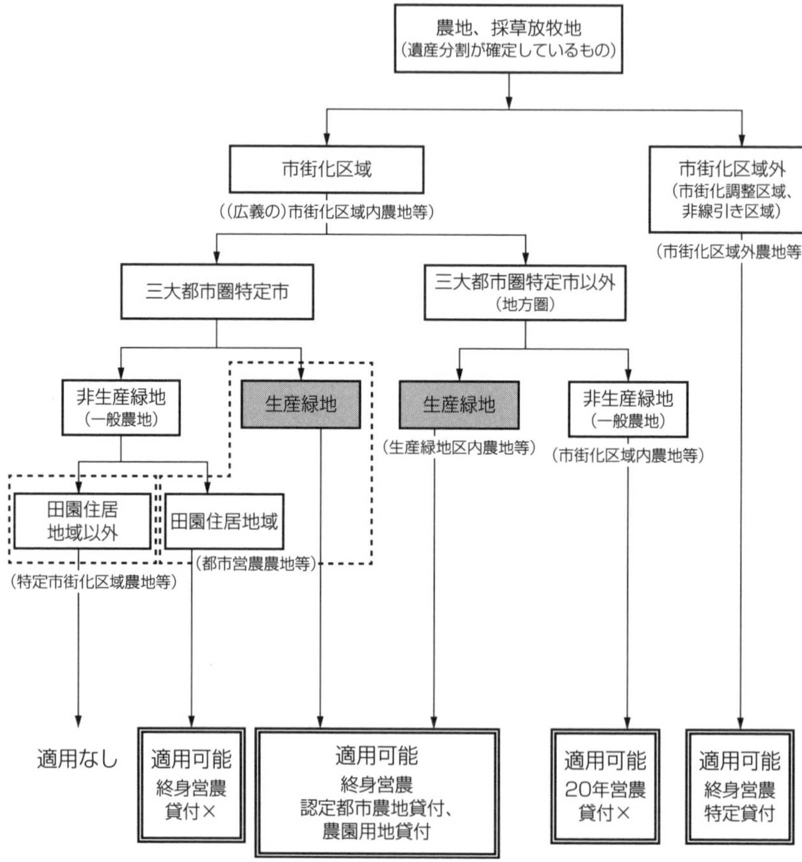

5 特例対象農地等の要件

POINT

納税猶予の特例が適用できる農地等は、次の①から⑥のいずれかに該当する必要があります。

① 被相続人が農業の用に供していた農地等

② 被相続人が特定貸付けを行っていた農地又は採草放牧地

③　被相続人が認定都市農地貸付け等を行っていた農地又は採草放牧地

④　被相続人が営農困難時貸付けを行っていた農地等

⑤　農業相続人が被相続人から生前一括贈与により取得した農地等で、被相続人の死亡のときまで贈与税の納税猶予の適用を受けていたもの

⑥　農業相続人が相続開始の年に被相続人から生前一括贈与を受けたもの

(1)　特例の対象となる農地等

被相続人が自ら農業を行っていた農地等は特例の適用を受けることができます。

被相続人が自ら農業を行っていなかったとしても、第三者に対して、①特定貸付け、②認定都市農地貸付け等、③営農困難時貸付けといった一定の貸付けにより農地等を貸し付けていた場合も特例の適用を受けることができます。

また、農業相続人が、被相続人から生前に一括贈与を受け、贈与税の納税猶予を受けていた農地等や相続開始の年に一括贈与されて贈与税の納税猶予の要件に該当する農地等も適用を受けることができます。

(※) 特定貸付け……次の事業により貸し付けることをいいます。
①農地中間管理事業、②利用権設定等促進事業（農用地利用集積計画）

(※) 認定都市農地貸付け等……都市農地の貸借の円滑化に関する法律により認定を受けた事業計画に基づく貸付け（認定都市農地貸付け）又は一定の市民農園の用に供するための貸付け（農園用地貸付け）

(2)　特例対象農地等の選択

贈与税の納税猶予制度においては、被相続人の生前に農業後継者へ贈与を行う場合、農業の用に供されているすべての農地を贈与しなければなりません。

これに対し、相続税の納税猶予では、被相続人の所有する農地等のすべてにおいて特例の対象とする必要はなく、農業相続人が適用を受けたいものを選択することができます。

ただし、相続税の申告書の提出期限までに共同相続人間で遺産分割がなされ

ていない農地等は、納税猶予の特例の適用を受けることはできません。

6 農地等の定義

POINT

相続税の納税猶予の対象となる農地等とは、被相続人が農業の用に供していた「農地」、「採草放牧地」、「準農地」が含まれます。

(1) 農地等の定義

相続税の納税猶予の対象となる農地等は、被相続人が農業の用に供していた「農地」及び「採草放牧地」、「準農地」をいいます。

ここでいう「農地」とは、耕作の目的に供される土地をいいます。耕作とは、土地に労資を加え、肥培管理を行って作物を栽培することをいい、肥培管理とは、作物の生育を助けるため、その土地及びそこに植栽される作物について行う耕うん、整地、播種、かんがい、排水、施肥、農薬散布、除草等の一連の人為的作業をいいます。

「採草放牧地」とは、農地以外の土地で、主として耕作又は養畜の事業のための採草又は家畜の放牧の目的に供されるものをいいます。採草の目的に供される土地であっても、肥培管理が行われているものは農地に該当し、採草放牧地には該当しないことになります。

「準農地」とは、農用地区域内にある土地で農業振興地域整備計画において用途区分が農地や採草放牧地とされているもののうち、10年以内に農地や採草放牧地に開発して、農業の用に供するものをいいます。

したがって、納税猶予制度では、市街化区域では（準農地がないため）「農地又は採草放牧地」といい、市街化区域以外では、（農地、採草放牧地、準農地をあわせて）「農地等」ということになります。

(2) 農地の判定

納税猶予の対象となる「農地」は、耕作の目的に供される土地をいいますが、現に耕作されている土地のほか、現に耕作されていない土地であっても、その現状が耕作し得る状態にあり、通常であれば耕作されていると認められるものについては農地に含まれます。

一方、現に耕作されている土地であっても、いわゆる家庭菜園や通常であれば耕作されないと認められる土地、例えば、運動場、工場敷地等を一時耕作しているものは、休閑地利用に過ぎないものであって農地に該当しません。

(3) 現況主義

土地の地目には、「登記上の地目」、「固定資産税の課税地目」、「現況の地目」がありますが、農地の地目の判定に当たっては、「現況」によることとされており、登記上の地目によるものではありません。また必ずしも課税地目が現況をあらわしているものでもありません。

したがって、登記簿上の地目や課税地目が田や畑等であっても、農地に該当しないものがあることに注意が必要です。

【ケーススタディ】納税猶予の対象となる農地

Q 次に掲げる土地は、相続税の納税猶予の特例の対象となる農地に該当しますか。

(1) 温室の敷地
(2) 畜舎の敷地
(3) 農作業場の敷地
(4) 農業のかんがい用ため池
(5) 養魚に利用している土地
(6) 植木の植栽されている土地

A (1) 温室の敷地

温室の敷地となっている土地は、その土地を従前の農地の状態のまま耕作を継続している場合には農地に該当します。
しかし、その敷地を農地以外のものとして直接耕作の用に供しない場合、例えば、温室の敷地をコンクリート等で地固めするなど農地以外のものとした場合には、たとえ、その上に土を盛って作物を栽培しているときであっても、温室の敷地は農地に該当しないことから、納税猶予の特例の対象となる農地に該当しません。
なお、農地法に基づき、農作物栽培高度化施設のために農業委員会に届け出て農地をコンクリート等で覆うものは納税猶予の特例の対象となります。

(2)　畜舎の敷地

畜舎の敷地となっている土地は、農地法に規定する農地又は採草放牧地に該当しないことから、納税猶予の特例の対象となる農地に当たりません。

(3)　農作業場の敷地

農作業場の敷地となっている土地は、農地法に規定する農地又は採草放牧地に該当しないことから、納税猶予の特例の対象となる農地に当たりません。

(4)　農業のかんがい用ため池

農業のかんがい用ため池の用に供されている土地は、農地法に規定する農地又は採草放牧地に該当しないことから、準農地に該当する場合を除き、納税猶予の特例の対象となる農地に当たりません。

(5)　養魚に利用している土地

農地には、現に耕作されている土地のほか、その現状が耕作し得る状態にあり、通常であれば耕作されているものが含まれるので、水田を従前の状態のままで水を張って一時的に稚魚を飼育している場合には、当該土地は農地に該当することから、納税猶予の特例の対象となる農地に当たります。

ただし、当該土地を通常の水田として利用するのに必要な程度を超えた畦畔の補強、本地の掘削などをして養魚池とした場合には農地に該当しないことから、その特例の対象となる農地に当たりません。

(6)　植木の植栽されている土地

植木を育成する目的で苗木を植栽し、かつ、その苗木の育成について肥培管理を行っている土地は、農地に該当することから、納税猶予の特例の対象となる農地に当たります。

ただし、既に育成された植木を販売目的で販売するまでの間一時的に仮植しておく土地は、たとえ、その間その商品価値を維持するための管理が行われているとしても、農地法に規定する農地に該当しないことから、その特例の対象となる農地に当たりません。

（注）　納税猶予の適用を受けた後、特例農地等を温室の敷地、畜舎の敷地、かんがい用ため池及び農作業場の敷地として利用するためにその農地等を農地等以外のものにした場合は、期限の確定事由から除かれる事務所、作業場、倉庫その他の施設又は使用人の宿舎の敷地にするための転用に該当し、納税猶予は継続できます（52 頁参照）。

4 被相続人の要件

POINT

相続税の納税猶予を受けるためには、被相続人が、次のいずれかに該当する必要があります。

① 死亡の日まで農業を営んでいた者

② 死亡の日まで特定貸付け、認定都市農地貸付け等、営農困難時貸付けを行っていた者

③ 生前に贈与税の納税猶予の適用により農地等の一括贈与をした者

④ 生前に経営移譲していた者

(1) 死亡の日まで農業を営んでいた者

相続税の納税猶予の適用を受けるためには、被相続人が「死亡の日まで農業を営んでいた者」である必要があります。

ここでいう「農業を営んでいた者」とは、耕作又は養畜（家畜、家きん、毛皮獣などの生産、育成、肥育、採卵又は採乳を行うこと）を反復、かつ、継続的に行っていたことをいいます。

したがって、その者が、㋑耕作もしくは養畜による生産物を自家消費に充てている場合や、㋺会社、官庁等に勤務するなど他に職業を有している場合、㋩他に主たる事業を有している場合であっても、その耕作又は養畜の行為を反復、かつ、継続的に行っている限り、農業を営んでいた個人に該当します。

(2) 農業申告は必要か

なお、「農業を営んでいた者」は、必ずしも所得税の課税上、農業の事業主であることが要件とはされていません。

その農業所得を配偶者や子名義で申告しているときであっても、被相続人が農業に従事しているのであれば「農業を営んでいた個人」に該当するものとして取り扱われます。

【ケーススタディ】農業所得の申告が被相続人の妻名義でなされている場合

Q 農地を所有する被相続人・甲は、会社に勤務しており、農業所得は妻の名義で申告しています。甲は、耕作の行為を反復・継続して行っていました。

今回、甲の相続が発生しましたが、甲は「農業を営んでいた個人」に該当するのでしょうか。

A 被相続人が会社に勤務するかたわら農業に従事している場合には、その農業所得を妻名義で申告しているときであっても「農業を営んでいた個人」に該当するものとして取り扱われます。

(3) 営農に含まれる貸付け

この「農業を営んでいた」とは、死亡の日まで自ら農業を行っていることが原則となりますが、以下のような一定の貸付けをしていた場合も含まれます。

① 市街化区域外の農地を農業経営基盤強化促進法等に基づく事業により貸し付けていた場合（特定貸付け。161頁参照）

② 生産緑地地区内の農地において、都市農地の貸借の円滑化に関する法律に基づき貸し付けていた場合（認定都市農地貸付け等）

③ 相続税の納税猶予の適用を受けていた農業相続人又は贈与税の納税猶予の適用を受けていた受贈者で、精神障害又は身体障害などにより営農が困難となり、他の農業者に貸付けを行った場合（営農困難時貸付け。174頁参照）

(4) 生前に贈与税の納税猶予の適用により農地等の一括贈与をした者

被相続人（贈与者）が、生前に農業後継者（推定相続人）に対して農業の用に供している農地の全部を一括して贈与し、受贈者が贈与税の納税猶予の適用を受けている場合、その贈与者（被相続人）が死亡した際には、猶予されていた贈与税は免除となります。

そして、受贈者である相続人が、その農地を相続によって取得したものとみなされ、改めてその農地等は相続税の課税対象となります。

(5) 生前に経営移譲をしていた者

相続税の納税猶予を受けるためには、被相続人が、死亡の日まで農業を営んでいたことが要件となります。

したがって、その被相続人が生前において農業経営を他に移譲している場合には、原則として、特例の適用を受けることができないことになります。

ただし、被相続人が死亡の日まで現実に農業を営んでいなかった場合であっても、被相続人が過去に相当の期間農業を営んでおり、かつ、次に掲げる事実があるときは死亡の日まで農業を営んでいた個人に当たるものとして相続税の納税猶予の適用を受けることができます。

イ　被相続人が老齢又は病弱のため、生前において、その者と住居及び生計を一にする親族並びにその者が行っていた耕作又は養畜の事業に従事していたその他の二親等内の親族に農業経営を移譲していたこと

ロ　被相続人が特例付加年金又は経営移譲年金の支給を受けるため、相続開始の日前に、その者の親族に農業経営を移譲していたこと

5 相続人の要件

1 相続人の要件

POINT

納税猶予を受けるためには、被相続人の相続人であり、かつ、次の①から④のいずれかに該当する者である必要があります。

① 相続税の申告期限までに農業経営を開始し、その後も引き続き農業経営を行うと認められる者

② 相続税の申告期限までに特定貸付け又は認定都市農地貸付等を行った者

③ 被相続人の生前に農地等の一括贈与の特例を受けた受贈者で、特例付加年金又は経営移譲年金の支給を受けるため、その推定相続人の1人に対し農地等について使用貸借による権利を設定して、農業経営を移譲した者

④ 今回の被相続人の相続に係る相続税の申告書の提出期限前にその申告書を提出しないで死亡した者から、農地等を相続した相続人で、2次相続に係る相続税の期限内申告書の提出期限までに農業経営を開始し、その後も引き続き農業経営を行うと認められる者

(1) 相続人の要件

相続税の納税猶予は、被相続人の「相続人」でなければ適用することができません。

そして、次の①から④のいずれかに該当する者であることにつき、農業委員会（農業委員会を置かない市町村にあっては、市町村長）の証明を受ける必要があります。

① 相続税の申告期限までに農業経営を開始し、その後も引き続き農業経営

を行うと認められる者

② 相続税の申告期限までに特定貸付け又は認定都市農地貸付等を行った者

③ 被相続人の生前に農地等の一括贈与の特例を受けた受贈者（図表10の乙）で、特例付加年金又は経営移譲年金の支給を受けるため、その推定相続人の１人（図表10の丙）に対し農地等について使用貸借による権利を設定して、農業経営を移譲した者

これは、今回の被相続人である甲から農地等の一括贈与の特例を受けていた受贈者・乙が、特例付加年金又は経営移譲年金の支給を受けるため、その推定相続人である丙に対して農業経営を移譲した場合の乙のことをいいます。

④ 今回の被相続人（図表11の甲）の相続に係る相続税の申告書の提出期限前にその申告書を提出しないで死亡した者（図表11の乙。第１次農業相続人）から、農地等を相続した相続人で、２次相続に係る相続税の期限内申告書の提出期限までに農業経営を開始し、その後も引き続き農業経営を行うと認められる者（同丙。第２次農業相続人）。

これは、図表11のうち、今回の被相続人・甲の相続税申告書を提出する前に相続人・乙が死亡してしまったことから、乙より農地等を相続した丙のことをいいます。

図表10

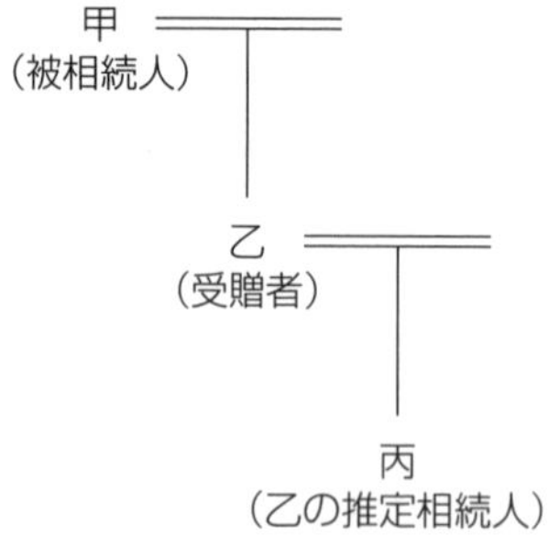

図表11

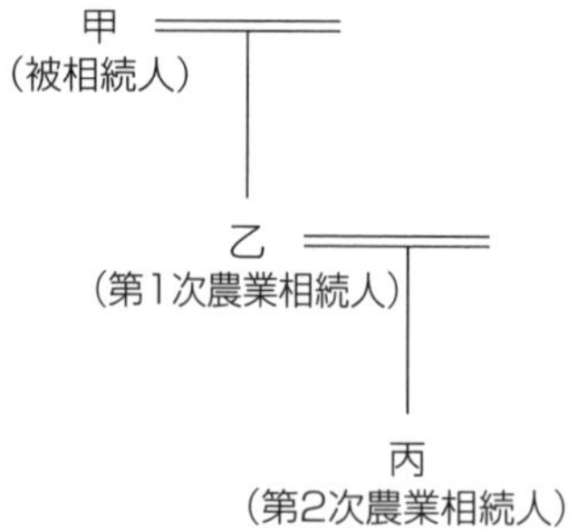

(2) 農業経営とは

相続税の納税猶予を受けるためには、相続人においても申告期限までに農業

経営を開始することが要件となります。その場合の「農業を営む」とは、被相続人の要件と同様、耕作又は養畜を反復、かつ、継続的に行うことをいいます。

したがって、その個人が、㋑耕作もしくは養畜による生産物を自家消費に充てている場合や、㋺会社、官庁等に勤務するなど他に職業を有している場合、㋩他に主たる事業を有している場合であっても、その耕作又は養畜の行為を反復、かつ、継続的に行っている限り、農業を営む個人に該当します。

また、2 人以上の者が農業相続人となる場合、相続税の納税猶予を受けることができる農業相続人は、必ずしも所得税の農業の事業主であることが要件とはされていません。

したがって、住居及び生計を一にする親族の 2 人以上が、それぞれ耕作又は養畜の行為を反復、かつ、継続的に行っている場合には、それぞれの者が農業相続人に該当するものとして取り扱われます。

【ケーススタディ】農業相続人としての適否

Q 被相続人・甲の死亡により、相続人・乙（長男）と相続人・丙（乙の妻、甲の養子）が甲所有の農地を共同相続しました。

乙は、会社員でもありいわゆる兼業農家であって、農業所得については、乙を事業主、甲及び丙を農業従事者として申告してきました。相続開始後も、乙と丙が農業経営を続け、農業所得については乙を事業主、丙を農業従事者として申告することにしています。

今回の相続税については、乙と丙をともに農業相続人として相続税の納税猶予の特例の適用を受けることができますか。

A 本件の場合は、乙、丙とも、相続した農地について反復、かつ、継続的に耕作を行うのであれば農業経営を行う者に該当します。

乙については、引き続き、兼業農家としての実態を有することが必要となります。

丙については、乙と住居及び生計を一にし、乙と共同して農業経営を行うのであれば、所得税上、乙が事業主であっても、農業相続人としての証明を受けることができます。

2 相続人の範囲

POINT

相続税の納税猶予を受けることができる者は、民法に規定する「相続人」に限られます。

なお、相続の放棄をした者は相続人に該当しないこととなり、原則として、この特例を受けることができません。

(1) 相続人の範囲

相続税の納税猶予を受けることができる者は、民法に規定する「相続人」に限られます。

ここでいう相続人は、下記①から③のいずれかの者となります。

① 子がいるときは配偶者と子（代襲相続人を含む）

② 子がいないときは配偶者と直系尊属

③ 子と直系尊属がいないときは配偶者と兄弟姉妹（代襲相続人を含む）

相続人であっても、相続の放棄をした者は相続人に該当しないこととなり、原則として、この特例を受けることができません。

ただし、相続の放棄をした者であっても、次の①から③までのいずれかに該当する者は、相続人に該当するものとして取り扱われます。

① 贈与税の納税猶予について、贈与者の死亡のときまで特例の適用を受けていた受贈者

② 相続開始の年に被相続人から農地等の生前一括贈与を受けた者で、その被相続人から遺贈により財産を取得した者

③ 相続時精算課税制度により農地等の価額が相続税の課税価格に加算されることとなる者

【ケーススタディ】遺言書がある場合

Q　農業経営を行っていた被相続人・甲は、孫である乙に全財産を相続させる旨の遺言書（包括遺贈）を残していました。この場合、乙は農地等についての相続税の納税猶予の特例を受けることができますか。

なお、被相続人の相続人は、長男、長女及び二女です。

A　相続税の納税猶予の適用を受けられる農業相続人は、被相続人の相続人で、一定の要件に該当することにつき農業委員会が証明した者に限られています。

この場合の相続人は民法における相続人（相続を放棄した者及び相続権を失った者を含みません）をいうため、相続人は、長男、長女及び二女であり、孫乙はこれに該当しません。

したがって、乙は農業相続人に該当しないため、農業等についての相続税の納税猶予の特例を適用することはできません。

(2)　相続時精算課税の適用を受けた農地

相続時精算課税制度の適用者が、特定贈与者から贈与により取得した農地等について、相続時精算課税の適用を受ける場合には、その農地等の価額は、相続税の計算上、特定贈与者の課税価格に算入されます。

なお、相続税の納税猶予の適用対象となる農地等は、相続又は遺贈により取得したものに限られますので、その特定贈与者から贈与により取得した農地等については、相続税の納税猶予の特例は適用できないこととなっています。

【ケーススタディ】相続時精算課税の適用を受けている場合

Q　甲は、平成25年中に父から農地等の贈与を受け、取得した農地等について相続時精算課税の適用を受けています。

令和元年５月に父が死亡し、相続税の申告をすることとなりました。

甲が平成25年中に贈与により取得した農地等について、相続税の納税猶予の特例を受けることができるでしょうか。

A 相続時精算課税の適用者が、特定贈与者（父）から贈与により取得した農地等について、相続時精算課税の適用を受ける場合には、その農地等の価額は特定贈与者の死亡にかかる相続税の課税価格に算入されますが、その農地等については、相続税の納税猶予の特例は適用できません。

3 配偶者が農業相続人である場合の取扱い

POINT

相続税の納税猶予は、被相続人の配偶者も適用を受けることができますが、配偶者の税額軽減額を控除した後に納付すべき相続税額がある者に限って適用がなされます。納付すべき税額がない者については納税猶予の適用はされません。

（1） 配偶者の税額軽減と納税猶予

相続税の計算上、被相続人の配偶者は、取得した財産の課税価格が、①法定相続分以下である場合、又は、②1億6,000万円以下である場合には、配偶者に対する相続税額の軽減によって納付すべき相続税額が発生しないこととなります（相続税法19条の2）。

そこで、配偶者について納税猶予の特例が適用できるのは、次に掲げるいずれかの場合に限られます。

㋑ 配偶者が農業相続人であるものとして計算すれば納付すべき相続税額が算出される場合で、かつ、農業相続人以外の者であるものとして計算すれば納付すべき相続税額が算出される場合

㋺ 配偶者が農業相続人であるものとして計算すれば納付すべき相続税額が算出される場合で、かつ、農業相続人以外の者であるものとして計算すれば納付すべき相続税額が算出されない場合

㋩ 配偶者が農業相続人であるものとして計算すれば納付すべき相続税額が算出されない場合で、かつ、農業相続人以外の者であるものとして計算す

れば納付すべき相続税額が算出される場合

(2) 納付すべき相続税額がない配偶者についての納税猶予の適用

したがって、配偶者に対する相続税額の軽減を適用することにより、配偶者を農業相続人以外の者として計算しても、納付すべき相続税額が算出されない場合にあっては、納税猶予の適用は、受けられないことになります。

図表 12 配偶者と納税猶予

	納付すべき相続税額			
配偶者が農業相続人であるものとして計算	有		無	
配偶者が農業相続人以外の者であるものとして計算	有	無	有	無
配偶者の納税猶予の特例適用	○	○	○	×

4 農業相続人が未成年者である場合の取扱い

POINT

相続人が未成年である場合、その未成年者に代って住居及び生計を一にする親族が、引き続き農業経営を行う場合には、その未成年者が農業経営を行う者に該当するものとして取り扱われます。

納税猶予の適用を受けることができる農業相続人は、相続税の申告期限までに農業経営を開始し、その後も引き続き農業経営を行うと認められる者であることが要件となります。

その際、農地等を取得した相続人が未成年者であるとき、その未成年者に代わって住居及び生計を一にする親族が、その未成年者の取得した農地等につき農業経営を行う場合には、その未成年者が農業経営を行う者に該当するものとして取り扱います。

ただし、この取扱いは、相続開始時においてまだ農業の経営能力を有するに至っていない未成年者に対する経過的なものとなりますので、その後①から④までに掲げるいずれかの事実が生じた場合において、その未成年者が自ら農業経営を行っていないのであれば、その事実が生じた日において農業経営を廃止したものと取り扱われます。

① その未成年者が成年に達したこと（引き続き就学している場合を除きます）

② その未成年者が成年に達した後、就学を了したこと

③ その未成年者とその未成年者の取得した農地又は採草放牧地につき農業経営を行っている親族が住居又は生計を一にしないこととなったこと

④ その未成年者の取得した農地又は採草放牧地につき農業経営を行っていた親族が農業経営を行わないこととなったこと

なお、未成年者とその親族が住居又は生計を一にしない場合であっても、その住居又は生計を一にしない理由が次の①から③に掲げる事由等に該当するときは、住居又は生計を一にしているものとして取り扱われます。

① 疾病又は負傷による療養

② 就学

③ 公選による公職への就任

5 共有で農地等を相続した場合の取扱い

POINT

複数の相続人が農地等を共有で相続した場合、共有者が共に農業相続人であるときには、それぞれ納税猶予の特例の適用を受けることができます。

1つの農地を2人以上の共同相続人が遺産分割により共有で相続した場合、共有者が共に農業相続人である場合には、それぞれ納税猶予の特例の適用を受けることができます。

一方、共有者のうち1人のみが農業を行う場合、その者は、その取得した農

地等の持分について納税猶予の特例の適用を受けることができますが、農業を行わない者は、その取得した農地等の持分について納税猶予の特例の適用を受けることができません。

6 納税猶予額の計算方法

1 納税猶予税額の計算

(1) 相続税の総額の計算

① 通常の相続税の総額

まず、通常の計算による相続税の総額を求めます。これにより計算した本来の相続税の総額をⒶとします。

② 農業投資価格によって計算した相続税の総額

次に、農業相続人が取得した特例適用農地等を農業投資価格で計算し、これにより計算した課税価格をⒷとします。この農業相続人の課税価格（Ⓑ）と特例適用農地以外の財産を通常の評価額で計算した課税価格の合計（Ⓒ）を基として相続税の総額を求めます。このように農業投資価格による相続税の総額をⒹとします。

(2) 農業相続人の相続税額

農業相続人の相続税額は、以下の算式のとおり、農業投資価格による相続税額と、本来の相続税の総額から農業投資価格による相続税の総額を控除した残額との合計額となります。

〈算式１〉

農業相続人の相続税額＝A＋B

A：Ⓑにより計算した算出相続税額（Ⓓ×農業相続人のⒷ／Ⓒ）

B：相続税の総額の差額（納税猶予税額）（Ⓐ－Ⓓ）

この場合、農業相続人が２人以上いるときは、この残額（Ⓐ－Ⓓ）を各農業相続人の取得した特例農地等の農業投資価格超過額の比によってあん分します。

農業投資価格超過額＝通常の評価額により計算した特例適用農地等の価額－農業投資価格により計算した特例適用農地等の価額

(3)　農業相続人以外の者の相続税額

農業相続人以外の者の相続税額は、農業投資価格による相続税の総額（Ⓓ）を、農業投資価格ベースで計算した課税価格の比であん分計算して納付すべき相続税額を求めます。

〈算式２〉

農業相続人以外の者の相続税額＝Ⓓ×各人の課税価格／Ⓒ

(4)　納税猶予額の計算

各人の納付相続税額は、上記により算出した金額を基として、それぞれ相続税額の２割加算、未成年者控除などの適用がある場合には、それらを適用して計算します。

①　２割加算や各種の税額控除の適用がない場合

２割加算や各種の税額控除の適用がない場合は、本来の相続税の総額から農業投資価格による相続税の総額を差引いた金額が納税猶予額となります。

②　２割加算の適用がある場合

２割加算の適用がある場合は、上記①の金額に２割加算した金額が納税猶予額となります。

③　税額控除の適用がある場合

税額控除の適用がある場合は、税額控除額を、まず期限内納付分の相続税額から控除し、控除しきれない金額を納税猶予額から控除し、その残額が納税猶予額となります。

【ケーススタディ】納税猶予額の計算

Q　今回の相続人は、長男Ａと二男Ｂの２人です。農業相続人である長男Ａが納税猶予制度の適用を行います。相続財産は以下のとおり合計３億円です。

・自宅　5,000万円

・農地　1億円（東京都所在。農業投資価格は84万円）

・その他財産　1億5,000万円

このとき、長男Aが自宅と農地1億5,000万円、二男Bがその他財産1億5,000万円を取得した場合、それぞれの相続税額はどのように計算されますか。

A　下記のとおり、長男Aの通常の相続税は4,396.1万円となりますが、そのうち3,554.8万円が猶予され、実際に納付する税額は841.3万円となります。

また、二男Bの納付税額は、長男へ納税猶予を適用しなければ3,460万円となりますが、今回は長男が納税猶予の適用を受けることにより2,523.9万円となります。

①通常の評価による相続税額

農地		農地以外		課税価格の合計額
1億円	＋	2億円	＝	3億円

課税価格の合計額		基礎控除額		課税遺産総額
3億円	−	4,200万円	＝	2億5,800万円

課税遺産総額が2億5,800万円の税額　＝　6,920万円（相続税の総額（Ⓐ））

②農業投資価格による相続税額

農地		農地以外		課税価格の合計額（Ⓒ）
84万円	＋	2億円	＝	2億84万円

課税価格の合計額		基礎控除額		課税遺産総額
2億84万円	−	4,200万円	＝	1億5,884万円

	相続税の総額（Ⓓ）
課税遺産総額が１億5,884万円の税額　＝	3,365.2万円

③納税猶予税額

				納税猶予税額
6,920万円	－	3,365.2万円	＝	3,554.8万円

次に、各人の相続税の計算については、それぞれ以下のようになります。

④長男A（農業相続人）の相続税額

長男Ａの課税価格は5,084万円（Ⓑ）であり、課税価格の合計価額（Ⓒ）に対するあん分割合は0.25（小数点第２位未満調整）となります。

相続税の総額		あん分割合		長男の納税額
3,365.2万円	×	0.25	＝	841.3万円

前述の**〈算式１〉**により、

納税額		納税猶予税額		長男Aの相続税額
841.3万円	＋	3,554.8万円	＝	4,396.1万円

⑤二男Bの相続税額

二男Ｂの課税価格は１億5,000万円であり、課税価格の合計価額（Ⓒ）に対するあん分割合は0.75（小数点第２位未満調整）となります。

前述の**〈算式２〉**により

算出税額		あん分割合		二男Bの納税額
3,365.2万円	×	0.75	＝	2,523.9万円

2 農業投資価格とは

POINT

農業投資価格とは、農地等が恒久的に農業の用に供される土地として自由な取引がされるとした場合に通常成立すると認められる価格をいいます。

具体的には、各国税局長が価格を決定し、財産評価基準書に「農業投資価格」として記載されています。

(1) 農業投資価格とは

相続税の納税猶予額を算定するための基礎となる「農業投資価格」は、農地等が恒久的に農業の用に供される土地として自由な取引がされるとした場合に通常成立すると認められる価格をいいます。

農業投資価格は、各国税局長が毎年決定し、財産評価基準書に掲載されています（各都道府県による農業投資価格は **図表 13** のとおりです）。

財産評価基準書は、国税庁ホームページの「路線価図・評価倍率表」で、農地等の所在する都道府県ごとに確認することができます。

(2) 計算例

例えば、被相続人の所有していた農地の路線価が 1 m^2 当たり 100,000 円、地積が 800 m^2 であるとします。通常の農地の評価では、100,000 円/m^2 × 800 m^2 = 8,000 万円となります。

これに対し、農業投資価格は、東京都の畑であれば 10 アール（1,000 m^2）当たり 940 千円となりますので、800 m^2 の土地では 940 円/m^2 × 800 m^2 = 752,000 円となります。

市街地の農地について、通常であれば 8,000 万円で評価するところ、75 万 2,000 円として評価するのですからその差はかなり大きなものとなります。

〈通常の相続税評価額〉

路線価		地積		評価額
100,000円	×	800 m^2	=	80,000,000円

〈農業投資価格〉

農業投資価格		地積		農業投資価格による価額
940円	×	800 m^2	=	752,000円

図表13 令和2年分の農業投資価格

（単位：千円、10アール当たり）

国税局	都道府県	田	畑
東京	東京	900	840
	神奈川	830	800
	千葉	740	730
	山梨	700	530
関東信越	埼玉	840	790
	茨城	705	625
	栃木	695	575
	群馬	790	660
	長野	730	490
	新潟	660	265
大阪	大阪	820	570
	京都	700	450
	兵庫	770	500
	奈良	720	460
	和歌山	680	500
	滋賀	730	470
札幌	北海道 中央ブロック	300	128
	北海道 南ブロック	236	117
	北海道 北ブロック	169	55
	北海道 東ブロック	169	73
仙台	宮城	520	255
	岩手	420	200
	福島	510	240
	秋田	470	175
	青森	380	170
	山形	510	220

国税局	都道府県	田	畑
名古屋	愛知	850	640
	静岡	810	610
	三重	720	520
	岐阜	720	520
金沢	石川	570	260
	福井	550	240
	富山	580	240
広島	広島	630	360
	山口	610	290
	岡山	670	400
	鳥取	610	370
	島根	520	295
高松	香川	695	360
	愛媛	665	340
	徳島	680	330
	高知	579	271
福岡	福岡	720	420
	佐賀	670	380
	長崎	550	320
熊本	熊本	690	400
	大分	500	310
	鹿児島	480	380
	宮崎	550	390
沖縄	沖縄	220	230

7 納税猶予額の免除

1 納税猶予が免除される場合

POINT

相続税の納税猶予を受けている農業相続人が、次の①から③のいずれかに該当することとなったときは、猶予を受けている相続税は免除となります。

① 農業相続人が死亡した場合

② 農業相続人が特例適用農地等の全部を農業の後継者に生前一括贈与した場合

③ 特例適用農地等が市街化区域内農地等であり、相続税の申告書の提出期限の翌日から20年を経過した場合

農業相続人が死亡した場合、納税猶予分の相続税全部が免除となります。そして、特例が適用されていた農地は、農業相続人の相続財産として、改めて相続税の課税対象となります。

また、農業相続人（特定貸付けを行っていない者に限ります）が特例適用農地等の全部を農業の後継者に生前一括贈与した場合には、納税猶予分の相続税全部が免除となります。そして、その農業相続人が死亡した時点で、贈与された農地が改めて相続税の課税対象となります。

特例適用農地等が市街化区域内農地等であり、相続税の申告書の提出期限の翌日から20年を経過した場合、納税猶予分の相続税のうち、市街化区域内農地等に対応する部分の金額が免除となります（ただし、複数の特例適用農地等があり、ほかに都市営農農地が含まれている場合を除きます）。

なお、上記の免除要件に該当することとなった場合には、免除届出書を相続税の納税地の所轄税務署長に提出する必要があります。

2 所在地別の免除要件

POINT

三大都市圏特定市以外の市街化区域内農地等については、原則として20年営農を継続することで猶予された相続税は免除となります。

それ以外の地域に所在する農地については、終身営農を継続する必要があります。

(1) 免除の要件

特例適用農地等について、何年営農を続ければ相続税が免除となるかは、その農地が所在する地域によって異なります。

生産緑地や三大都市圏特定市にある田園住居地域内農地、市街化区域外（市街化調整区域、非線引き区域）にある農地等については、引き継いだ農業相続人が終身営農を行う必要があり、原則として、農業相続人が死亡するまで免除となることはありません（図表14）。

図表14 猶予税額の免除要件

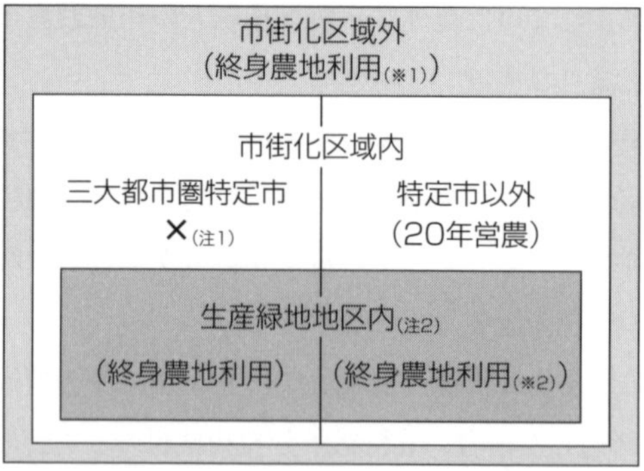

（注1） 都市計画法に基づき田園住居地域の指定を受けた区域内の農地は特例の適用対象となります。
（注2） 生産緑地地区の都市計画の告示日から30年が経過した生産緑地のうち、特定生産緑地の指定がされなかったものは適用できません。
（※1） 平成21年12月15日前に納税猶予の適用を受けている相続人については、原則20年営農を継続した場合に納税が免除されます。
（※2） 平成30年9月1日前に納税猶予の適用を受けている相続人については、原則20年営農を継続した場合に納税が免除されます。

他方、三大都市圏特定市以外の市街化区域内農地等については、原則として20年営農を継続することで猶予された相続税は免除となります。相続税の申告期限から20年経過後に農地を宅地化しても遡って相続税及び利子税を納付する必要はありません。

(2) 改正による経過措置

① 市街化区域外の農地

市街化区域外の農地については、従来20年営農を行うことで納税猶予税額は免除となっていましたが、税制改正により平成21年12月15日以後は終身営農しなければならないことになりました。

そのため、平成21年12月15日前に納税猶予の適用を受けている農業相続人については、原則20年営農を継続した場合に納税が免除されます（ただし、農業相続人が、特例農地等について特定貸付けを行った場合は終身営農となります）が、平成21年12月15日以後に納税猶予の適用を受けている農業相続人については、終身営農をしなければ免除とはなりません。

② 三大都市圏特定市以外の生産緑地

また、三大都市圏特定市以外の生産緑地についても、従来20年営農を行うことで納税猶予税額は免除となっていましたが、税制改正により平成30年9月1日以後は終身営農しなければならないことになりました。

そのため、平成30年9月1日前に納税猶予の適用を受けている農業相続人については、原則20年営農を継続した場合に納税が免除されます（ただし、農業相続人が特例農地等について、認定都市農地貸付け等を行った場合は終身営農となります）が、平成30年9月1日以後に納税猶予の適用を受けている農業相続人については、終身営農をしなければ免除とはなりません。

図表 15 農地の区域区分と免除要件

<table>
<tr><th colspan="2" rowspan="2">地理的区分
都市計画区分</th><th colspan="2">三大都市圏</th><th rowspan="2">地方圏</th></tr>
<tr><th>特定市</th><th>特定市以外</th></tr>
<tr><td rowspan="3">市街化区域</td><td>生産緑地地区</td><td rowspan="2">終身営農
（都市営農農地等）</td><td colspan="2">終身営農（※2）
（生産緑地内農地等）</td></tr>
<tr><td>田園住居地域</td><td colspan="2" rowspan="2">20 年営農（※3）
（市街化区域内農地等）</td></tr>
<tr><td>上記以外</td><td>適用不可
（特定市街化区域農地等）</td></tr>
<tr><td colspan="2">市街化区域外
（市街化調整区域、非線引き区域）</td><td colspan="3">終身営農（※1）</td></tr>
</table>

（※ 1） 平成 21 年 12 月 15 日前に納税猶予の適用を受けている相続人については、原則 20 年営農を継続した場合に納税が免除されます。
（※ 2） 平成 30 年 9 月 1 日前に納税猶予の適用を受けている相続人については、原則 20 年営農を継続した場合に納税が免除されます。
（※ 3） 特例適用農地等に都市営農農地が含まれている場合を除きます。

3 複数の特例適用農地等がある場合の納税猶予の期限

POINT

複数の地域に特例適用農地等がある場合の相続税の納税猶予の期限（「終身営農」や「20 年営農」といった猶予期間の終了日を「納税猶予の期限」といいます）は、相続した特例農地等の組み合わせによって異なります。

（1） 都市営農農地と三大都市圏特定市以外の生産緑地

特例適用農地等のうちに都市営農農地等（図表 16 の A 農地）と三大都市圏特定市以外の生産緑地等（図表 16 の B 農地）がある場合の納税猶予期限は、いずれも農業相続人の死亡の日（終身営農）となります。

図表16 特例農地等の区分及び納税猶予期限

<table>
<tr><td colspan="2" rowspan="2">地理的区分
都市計画区分</td><td colspan="2">三大都市圏</td><td rowspan="2">地方圏</td></tr>
<tr><td>特定市</td><td>特定市以外</td></tr>
<tr><td rowspan="3">市街化区域</td><td>生産緑地等</td><td rowspan="2">A農地
納税猶予期限
：農業相続人の死亡の日</td><td colspan="2">B農地
納税猶予期限：農業相続人の死亡の日</td></tr>
<tr><td>田園住居地域内の農地</td><td colspan="2" rowspan="2">C農地
納税猶予期限：申告期限の翌日から20年を経過する日</td></tr>
<tr><td>上記以外</td><td>〔特定市街化区域農地等〕</td></tr>
<tr><td colspan="2">市街化区域以外</td><td colspan="3">D農地
納税猶予期限：農業相続人の死亡の日</td></tr>
</table>

※相続又は遺贈により特例農地等の取得をした日において、特例農地等のうちに都市営農農地等を有する農業相続人については、その全ての特例農地等について、死亡の日が納税猶予期限とされている。

(2) 都市営農農地と三大都市圏特定市以外の市街化区域内農地

特例適用農地等のうちに都市営農農地等（図表16のA農地）と三大都市圏特定市以外の市街化区域内農地等（図表16のC農地）がある場合の納税猶予期限は、いずれも農業相続人の死亡の日（終身営農）となります。

つまり、市街化区域内農地等は単独であれば20年で免除となりますが、都市営農農地等がある場合には終身営農となってしまいます。

(3) 都市営農農地と市街化区域外農地

特例適用農地等のうちに都市営農農地等（図表16のA農地）と市街化区域外農地等（図表16のD農地）がある場合の納税猶予期限は、いずれも農業相続人の死亡の日（終身営農）となります。

(4) 三大都市圏特定市以外の生産緑地と市街化区域内農地

特例適用農地等のうちに三大都市圏特定以外の生産緑地等（図表16のB農地）と三大都市圏特定市以外の市街化区域内農地等（図表16のC農地）があ

る場合の納税猶予期限は、生産緑地等については農業相続人の死亡の日（終身営農）、市街化区域内農地等については相続税の申告期限の翌日から20年を経過する日となります。

(5) 三大都市圏特定市以外の生産緑地と市街化区域外農地

三大都市圏特定市以外の生産緑地等（図表16のB農地）と市街化区域外農地等（図表16のD農地）がある場合の納税猶予期限は、いずれも農業相続人の死亡の日（終身営農）となります。

(6) 三大都市圏特定市以外の市街化区域内農地と市街化区域外農地

特例適用農地等のうちに三大都市圏特定以外の市街化区域内農地等（図表16のC農地）と市街化区域外農地等（図表16のD農地）がある場合の納税猶予期限は、市街化区域内農地等については相続税の申告期限の翌日から20年を経過する日、市街化区域外農地等については農業相続人の死亡の日（終身営農）となります。

図表 17 都市農地の貸付けの特例の適用を受けた場合の猶予税額の免除の適用関係

A…都市営農農地等（生産緑地に限る）【都市農地の貸付け可能】
B…三大都市圏の特定市以外の地域の生産緑地【都市農地の貸付け可能】
C…三大都市圏の特定市以外の地域の市街化区域内農地等（生産緑地を除く）
D…市街化区域外の農地等

相続が開始した日 ＼ その者が有している特例農地等	旧法適用者		新法適用者
	平成4年1月1日～平成21年12月14日	平成21年12月15日～都市農地貸付法の施行日の前日	都市農地貸付法の施行日～
A	死亡まで	死亡まで	死亡まで
B	20年免除	20年免除	死亡まで
C	20年免除（都市農地の貸付け不可）	20年免除（都市農地の貸付け不可）	20年免除
D	20年免除（都市農地の貸付け不可）	死亡まで（都市農地の貸付け不可）	死亡まで
A+B	死亡まで	死亡まで	死亡まで
A+C	死亡まで	死亡まで	死亡まで
A+D	死亡まで	死亡まで	死亡まで
B+C	20年免除	20年免除	B：死亡まで C：20年免除
B+D	20年免除	B：20年免除 D：死亡まで	死亡まで
C+D	20年免除（都市農地の貸付け不可）	C：20年免除 D：死亡まで （都市農地の貸付け不可）	C：20年免除 D：死亡まで
A+B+C	死亡まで	死亡まで	死亡まで
A+B+D	死亡まで	死亡まで	死亡まで
A+C+D	死亡まで	死亡まで	死亡まで
B+C+D	20年免除	B、C：20年免除 D：死亡まで	B、D：死亡まで C：20年免除
A+B+C+D	死亡まで	死亡まで	死亡まで

➡ 旧法適用者も、都市農地の貸付けの特例の適用を受けた場合は、新法（右欄）を適用。

（出典）財務省「平成30年度税制改正について」

【ケーススタディ】複数の特例適用農地がある場合

Q 甲は、相続により都市営農農地等とそれ以外の市街化区域内農地等を取得して、いずれも相続税の納税猶予の適用を受けていました。

そして、相続税の申告期限の翌日から20年を経過したのですが、市街化区域内農地等に対応する部分の猶予税額の免除を受けることができますか。

A 都市営農農地等と市街化区域内農地等がある場合の猶予税額の免除は、原則として、両方ともその農業相続人が死亡した場合となります。

したがって、20年を経過しても免除される猶予税額はありません。

8　納税猶予期限の確定

1　納税猶予期限の全部確定

POINT

相続税の納税猶予期間中に確定事由に該当することとなった場合、猶予されている相続税の全部と利子税を納付しなければならないことになります。

(1)　納税猶予期限の確定事由

相続税の納税猶予は、あくまでも「猶予」となります。相続税の免除の要件に該当すれば相続税は免除となりますが、免除となる前に次の①から④に掲げるような事由に該当することとなったときは、猶予されている相続税の全部とあわせて利子税を納付しなければなりません。

① 特例を適用した農地等の合計面積の20％を超える農地等の譲渡（収用、交換等による譲渡を除きます）、貸付、転用、耕作放棄等をした場合

② 農業相続人が農業経営を廃止した場合

③ 3年ごとの継続届出書（70頁参照）を提出期限までに提出しなかつた場合

④ 農業相続人が担保の変更命令等に応じなかった場合

このような相続税の全部を納付しなければならないこととなる事由を「確定事由」といい、確定事由に該当することとなった場合を「期限の確定」や「納税猶予の打切り」、「猶予期限の繰上げ」などといいます。

なお、納税猶予の期限が確定した場合は、その該当することとなった日から2か月以内にその特例適用農地に対する相続税及び、相続税の申告期限の翌日から納税猶予期限までの期間に応じて原則年3.6％の利子税を納付しなければなりません。

【ケーススタディ】相続税の納税猶予の適用を受けた農地の転用

Q 父から相続した農地について相続税の納税猶予の特例の適用を受けています。

今回、その農地の半分をゴルフ練習場に転用したいと考えていますが、この場合、特例の適用を受けた農地の半分に対応する相続税について納税猶予の特例の適用を受けるのをやめてその部分の相続税を納付すればよいことになりますか。

A 農地の相続税の納税猶予については、納税猶予の特例の適用を受けた農地の半分に対応する部分についてその任意に取りやめをすることはできません。

特例適用農地等の合計面積の20％を超える面積の農地をゴルフ練習場に転用した場合には、相続税の納税猶予は打ち切られ、その納税猶予されていた相続税の全額を納付しなければならないことになります。

(2) 期限の確定事由から除かれる転用

農地等を転用した場合であっても、次のものは期限の確定事由から除かれます。

① 採草放牧地から農地への転用

② 準農地から採草放牧地又は農地への転用

③ 特例適用農地等の耕作又は養畜の事業に係る施設への転用

なお、③については、特例適用農地等を農業相続人の耕作又は養畜の事業にかかる事務所、作業場、倉庫その他の施設、事業に従事する使用人の宿舎の敷地にするための転用は、納税猶予にかかる期限の確定事由から除かれます。

これらの期限の確定事由から除かれる転用が行われた土地は、既に農地法の適用を受けなくなっていますが、納税猶予の適用においては、その転用後も転用前の状態のままであるものとして取り扱われます。

2 納税猶予期限の一部確定

POINT

相続税の納税猶予期間中に一部確定事由に該当することとなった場合、その該当することとなった特例適用農地等に対応する部分の猶予されている相続税と利子税を納付しなければならないことになります。

1のケースにおいては、猶予された相続税の全部を納付しなければなりませんが、次の①から⑤に掲げるような事由に該当することとなったときには、その納税猶予税額のうち、その該当することとなった特例適用農地等の価額に対応する部分の税額を納付しなければならないことになります。これを「期限の一部確定」や「納税猶予の一部打切り」、「猶予期限の一部繰上げ」などといいます。

① 特例適用農地等の合計面積の20％以下の譲渡、貸付、転用、耕作放棄等をした場合

② 収用交換等により譲渡した場合

③ 生産緑地地区内の農地について、買取りの申出があった場合

④ 農用地区域内の農地等について、農地中間管理機構への譲渡、利用権設定等促進事業に基づき譲渡した場合

⑤ 準農地を、相続税の申告期限後10年以内に開発して農地又は採草放牧地にしなかった場合

(※) 収用交換等とは、租税特別措置法33条1項各号に規定する収用、買取り、換地処分、権利変換、買収もしくは消滅又は同法33条の2第1項各号に規定する収用、買取り又は交換をいいます。

なお、納税猶予の期限が確定した場合は、その該当することとなった日から2か月以内にその特例適用農地に対する相続税及び、相続税の申告期限の翌日から納税猶予期限までの期間に応じ、原則年3.6％の利子税を納付しなければなりません。

9 特例適用農地等の譲渡等

1 特例適用農地を宅地化・譲渡・贈与した場合の取扱い

POINT

農業相続人が、納税猶予の特例の適用を受けた農地の全面積のうち、20％を超える農地の譲渡、贈与、転用、耕作を放棄、地上権、永小作権、使用貸借による権利、賃借権を設定した場合（以下、これらの行為を「譲渡等」といいます）には、納税猶予税額の全額を納付することになります。

また、その譲渡等をした農地等の面積が、特例適用農地等の全体面積の20％以下であるときは、その譲渡等をした特例適用農地等の価額に対応する部分の税額を納付することになります。

農業相続人が、納税猶予の特例の適用を受けた農地等を譲渡、贈与、転用をしたり、耕作を放棄したり、地上権、永小作権、使用貸借による権利、賃借権を設定した場合、下記の算式のとおり、その譲渡等をした特例適用農地等の価額に対応する部分の税額を納付することになります。

〈算式〉

$$\text{当初納税を猶予された相続税額} \times \frac{\text{譲渡等をした特例適用農地等の農業投資価格超過額（※）}}{\text{相続又は遺贈により取得した全ての特例適用農地等の農業投資価格超過額の合計額}}$$

$$\text{（※）農業投資価格超過額} = \text{特例適用農地等の通常の評価額} - \text{特例適用農地等の農業投資価格}$$

ただし、その譲渡等をした特例適用農地等の面積が、特例適用農地等の合計面積の 20 ％を超えるときは、猶予された税額の全額を納付することになります。

なお、特例適用農地等の譲渡等があった場合であっても、1 年以内に代替農地等を取得した場合や収用交換等による自己所有農地への付替えにおいては、譲渡等がなかったものとみなされます。

【ケーススタディ】面積割合の計算方法

Q 相続税の納税猶予の特例の適用を受けている農地等が 10 ヘクタールあります。昨年に 0.5 ヘクタールを任意に譲渡し、今年 2 ヘクタールの譲渡を行いました。納税猶予は打ち切られることになりますか。

A 今年2ヘクタールを譲渡したときにおいて、特例農地等の面積の20％を超える譲渡をしたことになるため、納税猶予の全部を納付しなければなりません。

なお、譲渡等をした特例適用農地等の面積が 20 ％を超えるかどうかの計算は、次に掲げる算式により行います。

〈算式〉

$$\frac{\begin{array}{c}\text{今回の譲渡等の面積}\\\text{2ヘクタール}\end{array}+\begin{array}{c}\text{前回の譲渡等の面積}\\\text{0.5ヘクタール}\end{array}}{\text{特例適用農地等の面積10ヘクタール}}=25\%$$

2　納税猶予期限の確定事由の例外

POINT

農業相続人が、特例適用農地等の譲渡等を行った場合であっても、特例適用農地等の買換えや自己所有農地への付替えを行った場合には、譲渡等がなかったものとみなされます。

(1)　特例適用農地等の譲渡に該当しない場合

農業相続人が、特例適用農地等の全面積のうち、20％を超える農地の譲渡等をした場合には納税猶予税額の全額、20％以下であるときは譲渡等をした特例適用農地等の価額に対応する部分の税額を納付することになります。

ただし、以下の①から②のような一定の譲渡等を行った場合には、その譲渡等がなかったものとみなされます。

①　特例適用農地等の買換え

特例適用農地等の譲渡等があった場合においては、代替農地等の買換えの特例が設けられています。

特例適用農地等の譲渡等があった日から1年以内に譲渡による対価の全部又は一部を充当して代替農地を取得した場合には、農地等の譲渡はなかったものとみなされて納税猶予を継続することができます。

この場合、譲渡をした日から1か月以内に所轄税務署へ「代替農地等の取得等に関する承認申請書」を提出し、税務署長の承認を受ける必要があります。そして、代替農地の取得後は、遅滞なく「代替農地等の取得価額等の明細書」を提出します。

なお、譲渡日から1年を経過する日において、税務署長の承認を受けたものうち、代替農地の取得がなかった場合には、その1年経過日において譲渡等があったものとみなされます。

図表 18 手続きのフロー

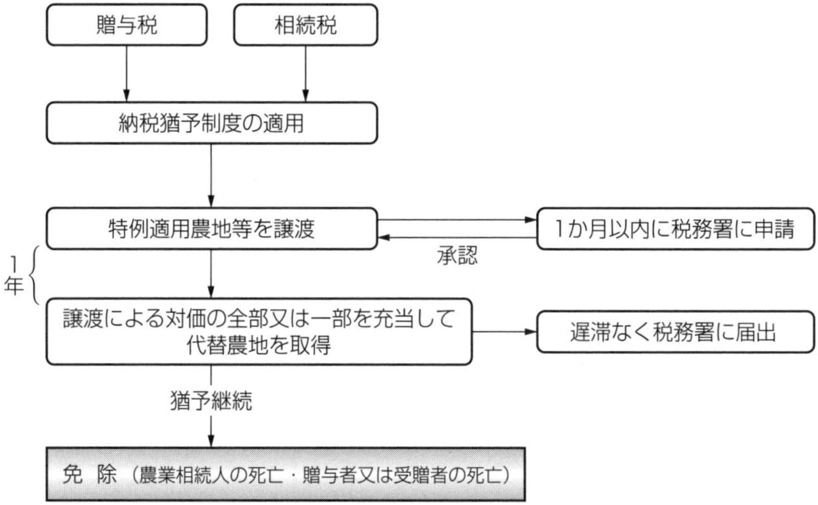

（出典）農林水産省ホームページ「農地の贈与・相続に係る特例措置について知りたい」

② 自己所有農地への付替え特例

三大都市圏特定市に所在する特例適用農地等を収用・交換等により譲渡した場合には、代替農地等の付替え特例が設けられています。

譲渡した日から1年以内に、新たな代替農地等の取得がなくても、譲渡した農地等に代わるものとして、自己が所有する三大都市圏特定市に所在する農地を農業の用に供した場合には、農地等の譲渡はなかったものとみなされます。

この場合、譲渡日から1か月以内に所轄税務署へ「代替農地等の取得等に関する承認申請書」を提出し、税務署長の承認を受ける必要があります。そして、代替農地の取得後は、遅滞なく「代替農地等の取得価額等の明細書」を提出します。

なお、譲渡日から1年を経過する日において、税務署長の承認を受けたもののうち、代替農地等を農業の用に供していない場合には、その1年経過日において譲渡等があったものとみなされます。

図表19 手続きのフロー

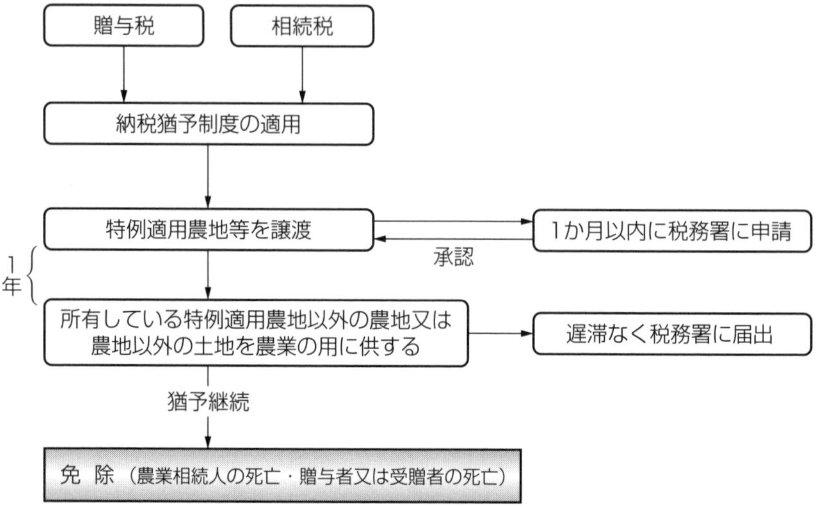

（出典）農林水産省ホームページ「農地の贈与・相続に係る特例措置について知りたい」

【ケーススタディ】農地等の買換えの場合の納税猶予の継続

Q　現在、農地等について相続税の納税猶予の特例を受けていますが、その特例適用農地等の一部を甲社の工場用地のために売却し、その譲渡代金で代わりの農地を取得しました。この場合、納税猶予税額を一時に納付する必要がありますか。

A　税務署長の承認を受けた買換資産については、納税猶予の打切りが適用されないため納税猶予税額を一時に納付しなくてもよいこととなります。

特例農地等の譲渡等をした場合において、譲渡等の日から１年以内にその対価の額の全部又は一部をもって代替農地等を取得することについて、納税地の所轄税務署長の承認を受けたときは、納税猶予を継続して受けられます。

なお、上記に掲げる税務署長の承認を受けようとする場合には、その譲渡日から１か月以内に承認申請書を納税地の所轄税務署長に提出しなければなりません。

(2) 特例適用農地等の貸付けに該当しない場合

納税猶予の適用を受けるためには、原則として、特例対象農地等において被相続人が自ら農業の用に供している必要があります。

ただし、特例適用農地等において、賃借権等の設定により貸付けをした場合であっても、以下の①から⑤のような一定の要件のもとであれば賃借権等の設定はなかったものとみなされます。

① 一時的道路用地等にかかる特例適用農地等の貸付特例

納税猶予の適用を受けている者が、特例適用農地等を道路法や河川法、鉄道事業法などによる事業のために一時的に道路、水路、鉄道その他の施設の用地（一時的道路用地等）として地上権等を設定して貸付けを行った場合、その地上権等の設定はなかったものとみなされて引き続き納税猶予の特例が継続されます。

② 営農困難時貸付の特例

納税猶予の適用を受けている者が、障害、疾病その他の事由により、特例適用農地等について農業の用に供することが困難な状態になった場合、一定の貸付けを行ったときは、農業経営を廃止していないものとみなして、納税猶予の特例が継続されます（営農困難時貸付け。詳しくは174頁を参照）。

③ 特定貸付けの特例

市街化区域外において、特例適用農地等を農業経営基盤強化促進法等に基づく一定の貸付けを行った場合、農業経営を廃止していないものとみなして、納税猶予の特例が継続されます（特定貸付け。詳しくは161頁を参照）。

④ 認定都市農地貸付け等の特例

生産緑地地区内の特例適用農地等において、都市農地の貸借の円滑化に関する法律に基づく貸付けを行った場合、農業経営を廃止していないものとみなして、納税猶予の特例が継続されます（認定都市農地貸付け等）。

⑤ 特例適用農地等の借換特例

納税猶予の適用を受けている者が、農用地利用集積計画による賃借権等の設定に基づいて特例適用農地等を貸し付け、貸し付けた農地等（貸付特例適用農地等）に代わるものとして、農業の用に供する農地等（借受代替農地等）を同計画により借り受けた場合、その賃借権等の設定はなかったものとみなされ、引き続き納税猶予の特例が継続されます。

なお、その借受代替農地等の面積の合計は、貸付特例適用農地等の面積に対する割合の80％以上であることが要件となります。

10 申告手続き

1 期限内申告書の提出

POINT

相続税の納税猶予を適用するためには、相続税の期限内申告書に、①農業委員会による「相続税の納税猶予に関する適格者証明書」、②遺言書又は遺産分割協議書の写し、③担保提供に関する書類などの必要書類を添付して提出する必要があります。

(1) 期限内申告書の提出

相続税の納税猶予の適用を受けようとする者は、相続税の期限内申告書に、相続税の納税猶予の特例の適用を受ける旨並びにその農地等の明細、納税猶予分の相続税の額の計算に関する明細その他所定の事項を記載し、必要書類を添付して提出する必要があります。

また、その納税猶予税額に相当する担保を提供しなければなりません。

(2) 添付書類

相続税の納税猶予を受ける場合の期限内申告書に添付すべき書類は、以下のとおりです。

① 被相続人及び農業相続人が納税猶予の特例の適用要件に該当することにつき農業委員会による「相続税の納税猶予に関する適格者証明書」

② 農業相続人が被相続人から相続又は遺贈により取得した特例適用農地等にかかる遺言書又は遺産分割協議書の写し

③ 担保提供に関する書類

なお、次の④から⑧のいずれかに該当する場合は、それぞれ下記の書類が必要となります。

④　特例適用農地等のうちに三大都市圏特定市の区域内に所在する農地又は採草放牧地がある場合には、この特例の対象となる農地等に該当すること等を証する市長又は特別区の区長の書類

⑤　農業相続人が使用貸借権の設定により農業経営の移譲をしている場合には、推定相続人に使用貸借による権利を設定させていることの証明書

⑥　特例適用農地等のうち準農地がある場合には、市町村長による「相続税の納税猶予の特例適用の準農地該当証明書」

⑦　特定貸付けを行っている場合には、特定貸付けに関する届出書

⑧　認定都市農地貸付け等を行っている場合には、認定都市農地貸付け等に関する届出書

図表20 添付書類

1	次のいずれかの書類 ①　被相続人のすべての相続人を明らかにする戸籍の謄本（相続開始の日から10日を経過した日以後に作成されたもの） ②　図形式の法定相続情報一覧図の写し（子の続柄が実子又は養子のいずれであるかが分かるように記載されたものに限ります） 　なお、被相続人に養子がいる場合には、その養子の戸籍の謄本又は抄本の提出も必要です。 ③　①又は②をコピー機で複写したもの
2	遺言書の写し又は遺産分割協議書の写し
3	相続人全員の印鑑証明書（遺産分割協議書に押印したもの）
4	相続税の納税猶予に関する適格者証明書
5	①　特例農地等のうちに都市営農農地等がある場合には、その都市営農農地等が特例の対象となる農地又は採草放牧地に該当する旨の市長（区長）の証明書 ②　特例農地等のうちに市街化区域内農地等（相続又は遺贈により取得した日において都市営農農地等を有しない農業相続人が有するものに限り、生産緑地地区内にあるものを除きます）がある場合には、その市街化区域内農地等が市街化区域内農地等である特例農地等に該当することを証する市町村長の書類
6	特例農地のうちに準農地がある場合には、その土地が準農地に該当する旨の市町村長の証明書

7	特例農地等のうちに、農地法43条1項の規定により農作物の栽培を耕作に該当するものとみなして適用する同法2条1項に規定する農地がある場合には、その農地が同法43条2項に規定する農作物栽培高度化施設の用に供されているものである旨の農業委員会の証明書
8	担保提供書及び担保提供関係書類（※担保提供関係書類の主なもの（担保が特例農地等の場合）） ・登記事項証明書（不動産番号の記載のある書類の添付によりこれに代えることができます） ・固定資産評価証明書など特例農地等の評価の明細 ・抵当権設定に必要な書類（抵当権設定登記承諾書、印鑑証明書）
9	特定貸付け等を行っている農地又は採草放牧地について、農地等についての相続税の納税猶予及び免除等の適用を受ける場合には、特定貸付けに関する届出書又は認定都市農地貸付け等に関する届出書及びその添付書類 ※　特定貸付け等を行った日の翌日から2か月を経過する日が相続税の申告書の提出期限後となる場合で、申告書に届出書を添付して提出ができないときには、申告書に農業相続人が特定貸付け又は認定都市農地貸付けもしくは農園用地貸付けを行った特定貸付農地等に関する明細書又は貸付都市農地等に関する明細書を添付して提出し、届出書は特定貸付け等を行った日から2か月以内に提出します。

(3)　遺産分割書類と担保の提供

相続税の申告書の提出期限までに共同相続人間で遺産分割がなされていない農地等は、納税猶予の特例の適用を受けることはできません。

したがって、相続税の提出期限までに遺産分割協議を成立させておく必要があります（納税猶予の適用を受ける農地等だけでも可能です）。

また、納税猶予の適用に当たっては、猶予された税額と同額以上の担保の提供が必要となります。

図表21　担保提供書

担保提供書
（農地等についての納税猶予用）

1　原　因　　次項の納税者の 平成 令和 ____年____月____日________________によ
る__________税及び利子税の額に対する農地等についての
納税猶予担保

2　納税者　　住所
氏名

3　納税額　　金__________________________________円
内訳　______税額　金______________________________円
及び利子税の額　金__________________円
延滞税の額　　国税通則法所定の額

上記の国税の担保として末記物件を提供します。

令和　　年　　月　　日

税務署長　殿

納税者　住　所

氏　名

上記の担保の提供に同意します。

令和　　年　　月　　日

所有者　住　所

氏　名

物件の表示

別紙目録のとおり

担保目録：土地

納税者

住所＿＿＿＿＿＿＿＿＿＿＿＿＿＿＿＿＿＿＿＿

氏名＿＿＿＿＿＿＿＿＿＿＿＿＿＿＿＿＿＿＿＿

土地の表示（所在、地番、地目、地積）	価　額	担保権等			
		債務金額	設定年月日	順位	権利者の住所氏名
	円				

図表22 抵当権設定登記承諾書

抵当権設定登記承諾書

原　　因　　次項の納税者の令和　　年　　月　　日 相続 による 相続 税及び 利子 税の
額に対する農地等についての納税猶予担保としての　　　年　　月　　日抵当
権設定契約

納 税 者
住 所

氏 名

納 税 額　　金 ＿＿＿＿＿＿＿＿＿＿＿円

内 訳　　＿相続＿税額　金＿＿＿＿＿＿＿＿＿円及び利子税の額　金＿＿＿＿＿＿＿＿＿円

延滞税の額　　国税通則法所定の額

末記物件に上記の抵当権設定の登記をすることを承諾します。

令和　　年　　月　　日

国税局長
沖縄国税事務所長　殿
税務署長

住 所

氏 名　　　　　　　　　　　　㊞

物件の表示

別紙のとおり

抵当権設定登記承諾書別紙（土地）

物件の表示

土地の表示（所在、地番、地目、地積）	価　額	担保権等			
		債務金額	設定年月日	順位	権利者の住所氏名
㎡	円	円			
㎡					

（※）　抵当権設定登記承諾書には承諾する者の実印と印鑑証明書（原本）、複数ページにわたる場合には割印が必要となります。

2 農業委員会の証明

POINT

農業委員会による「相続税の納税猶予に関する適格者証明書」とは、相続人が、相続税の申告書の提出期限までに取得した農地等において、農業経営を開始し、その後も引き続き農業経営を行うと認められることを証明するものです。

農業委員会は市区町村に設置されており、農地の売買や貸借の許可、農地転用への意見具申、遊休農地の調査・指導などを中心に農地に関する事務を行います。

納税猶予制度に関して、農業委員会は、相続人が相続税の申告書の提出期限までに取得した農地等において、農業経営を開始し、その後も引き続き農業経営を行うと認められる者に該当することを証明して、「相続税の納税猶予に関する適格者証明書」を発行します。

農業相続人は、相続税申告の期限内申告書にその適格者証明書を添付する必要があります。

なお、農業委員会に適格者証明書の発行を依頼する際には、各自治体（市区町村）によって、その都度証明書を発行しているところもあれば、1か月に1度まとめて発行しているところもあるので、証明書が発行されるまでのスケジュールを確認しておく必要があります。

図表23 農業委員会発行の証明書

相続税の納税猶予に関する適格者証明書

証　明　願

令和　　年　　月　　日

（あて先）
○○農業委員会会長

農地等の相続人氏名　　　　　　　　　　㊞

電話番号　（　　　　　　　　）

下記の事実に基づき、被相続人及び私が租税特別措置法第７０条の６第１項の規定の適用を受けるための適格者であることを証明願います。

1　被相続人に関する事項

住所		氏名		職業	
相続開始年月日	平・令　年　月　日	農地等の生前一括贈与を受けていた場合には、その年月日		昭・平・令　年　月　日	
被相続人の所有面積	耕作農地	㎡	被相続人が農業経営主でない場合	農業経営者の氏名	
	採草放牧地	㎡		農業経営者と被相続人との同居・別居の別	同居　・　別居
	合計	㎡			
特定貸付け又は営農困難時貸付けを行っていた者である場合	分類	特定貸付け　・　営農困難時貸付け			
	貸付年月日				
	貸付先の農業経営者の氏名				
	その他参考事項				

2　農地等の相続人に関する事項

（1）農地等の相続人

住所		氏名		職業			
生年月日	昭・平　年　月　日	被相続人との続柄		相続開始の時における被相続人との同居・別居の別	同居 別居	相続開始前において農業に従事した実績の有無	有・無
特例の適用を受けようとする農地等の明細	別表のとおり	左記の農地等による農業経営の開始年月日等	昭・平・令　年　月　日（　　　）				
今後引き続き農業経営を行うことに関する事項（特定貸付け又は営農困難時貸付けに関する事項）							
身体若しくは精神の障害又は老人ホーム等への入所の有無						有　・　無	
その他参考事項							

（2）農地等の相続人の推定相続人（生前一括贈与を受けていた農地等について使用貸借による権利が設定されている場合）

住所		氏名		職業	
生年月日	昭・平　年　月　日	相続人との続柄		使用貸借による権利の設定の年月日	昭・平・令　年　月　日
使用貸借に係る農地等の明細	別表のとおり	左記の農地等による農業経営開始年月日	昭・平・令　年　月　日		
今後引き続き推定相続人が農業経営を行うことに関する事項					
相続人が推定相続人の経営する農業に従事している事に関する事項					

上記の証明願のとおり、被相続人及び農地等の相続人は、租税特別措置法第７０条の６第１項に規定する適格者であることを証明する。

令和　　年　　月　　日

○○農業委員会会長　　　　　　印

3 継続届出書の提出

POINT

納税猶予を受けた農業相続人は、納税猶予の期限が確定するまでの間、申告期限の提出期限の翌日から３年ごとに「相続税の納税猶予の継続届出書」を所轄税務署長に提出しなければなりません。

相続税の納税猶予は、期限内申告書に、適用を受ける農地等の明細、納税猶予分の相続税の額の計算に関する明細その他所定の事項を記載し、必要書類を添付して提出すれば終わりというわけではありません。

相続税の納税猶予を受けた農業相続人は、納税猶予の期限が確定するまでの間、相続税の申告期限の提出期限の翌日から３年を経過するごとの日までに、引き続き納税猶予の適用を受けたい旨及び特例適用農地等に係る農業経営に関する事項を記載した「相続税の納税猶予の継続届出書」を納税地の所轄税務署長に提出する必要があります。

継続届出書が提出されないときは、原則として、その納税猶予に係る期限が確定し、その納税猶予の適用を受けている相続税の全額と利子税を納付しなければならないことに注意が必要です。

ただし、継続届出書をその提出期限までに提出できなかった場合でも、提出できなかったことについてやむを得ない事情があると認められ、かつ、継続届出書の提出があったときには、その継続届出書が期限内に提出されたものとみなされます。

なお、農業相続人は、継続届出書においても、引き続き農業経営等を行っていることを証明する農業委員会の証明書の添付が必要となります。

ここでも、証明書が発行されるまでのスケジュールを事前に農業委員会に確認しておく必要があります。

図表24 税務署へ提出する届出書

相続税の納税猶予の継続届出書

税務署
受付印

※欄は記入しないでください。

令和＿＿年＿＿月＿＿日

＿＿＿＿＿＿税務署長

〒
届出者 住 所＿＿＿＿＿＿＿＿＿＿＿＿＿＿＿＿

氏 名＿＿＿＿＿＿＿＿＿＿＿＿＿＿＿＿
(電話番号　　　－　　　－　　　)

租税特別措置法第70条の6第1項の規定による相続税の納税の猶予を引き続いて受けたいので、次に掲げる税額等について確認し、同条第32項の規定により関係書類を添付して届け出ます。

農地等の相続（遺贈）があった年月日		平成 令和　　年　　月　　日	
被相続人	住所	氏名	（　　年　　月　　日生）

1　納付すべき相続税額のうち納税の猶予の適用を受けた相続税額　・・・・・・・・・・　＿＿＿＿＿＿＿＿円

2　1のうちこの届出書の提出までに特例農地等の譲渡等をしたため、既に納税の猶予が確定し納付した相続税額　・・・・・・・・・・・・・・・・・・・・・・・・　＿＿＿＿＿＿＿＿円

3　1のうち相続税の申告書の提出期限の翌日から20年が経過をしたため免除された相続税額　・・・・・・・・・・・・・・・・・・・・・・・・・・・　＿＿＿＿＿＿＿＿円

4　1のうち届出日現在において納税の猶予を受けている相続税額（1－2－3の金額）　・・・・・・・・・・・・・・・・・・・・・・・・・・・　＿＿＿＿＿＿＿＿円

5　納税猶予の適用を受けた農地等については、＿＿年＿＿月＿＿日に 推定相続人／他の推定相続人等 ＿＿＿＿＿＿＿＿に対して

使用貸借による権利の設定をしたが現在もその農地等をその 推定相続人／他の推定相続人等 に引き続き使用させています。

6　この届出書の提出期限の属する年の前3年間の各年における特例農地等に係る農業経営に関する事項の概要は、「別紙1　特例農地等に係る農業経営に関する明細書」のとおりです。（特例農地等のうちに都市営農農地等がある場合、平成17年4月1日以降の相続に係る相続税の納税猶予の場合又は平成17年3月31日以前の相続に係る相続税の納税猶予で営農困難時貸付け、特定貸付け若しくは認定都市農地貸付け等を行っている場合）

7　特例農地等に係る営農困難時貸付けに関する事項は、「別紙2　特例農地等に係る営農困難時貸付けに関する明細書」のとおりです。（営農困難時貸付けを行っている場合）

8　特例農地等に係る特定貸付けに関する事項は、「別紙3　特例農地等に係る特定貸付けに関する明細書」のとおりです。（特定貸付けを行っている場合）

9　特例農地等に係る認定都市農地貸付け等に関する事項は、「別紙4　特例農地等に係る認定都市農地貸付け等に関する明細書」のとおりです。（認定都市農地貸付け等を行っている場合）

※　添付書類

○　農業経営を引き続き行っている旨の農業委員会の証明書（上記の5に該当する場合には、その推定相続人が農業経営を引き続き行っている旨及び届出者が推定相続人の営む農業に従事している旨の証明書）

○　この届出書を提出する前3年間に特例農地等の異動があった場合には、その明細書（特例農地等の異動の明細書）

○　別紙1　特例農地等に係る農業経営に関する明細書（特例農地等のうちに都市営農農地等を有する場合、平成17年4月1日以降の相続に係る相続税の納税猶予の場合又は平成17年3月31日以前の相続に係る相続税の納税猶予で営農困難時貸付け、特定貸付け若しくは認定都市農地貸付け等を行っている場合）

○　別紙2　特例農地等に係る営農困難時貸付けに関する明細書（営農困難時貸付けを行っている場合）

○　営農困難時貸付けを行っている特例農地等に係る貸付けを引き続き行っている旨の農業委員会の証明書（営農困難時貸付けを行っている場合）

○　別紙3　特例農地等に係る特定貸付けに関する明細書（特定貸付けを行っている場合）

○　特定貸付けを行っている特例農地等に係る貸付けを引き続き行っている旨の農業委員会の証明書（特定貸付けを行っている場合）

○　別紙4　特例農地等に係る認定都市農地貸付け等に関する明細書（認定都市農地貸付け等を行っている場合）

○　認定都市農地貸付け等を行っている特例農地等に係る貸付けを引き続き行っている旨の農業委員会の証明書（認定都市農地貸付け等を行っている場合）

関与税理士		電話番号	

図表25 農業委員会発行の証明書

引き続き農業経営を行っている旨の証明書

証　　　明　　　願

令和　　年　　月　　日

（あて先）

〇〇農業委員会会長

申請者　住 所

氏 名

（電話番号　　　　　　　　　）

私は、租税特別措置法 ~~第70条の4第1項~~ 第70条の6第1項 の規定の適用を受ける農地等に係る農業経営を下記の期間引き続き行っていることを証明願います。

記

引き続き農業経営を行っている期間

平成・令和　　年　　月　　日　から　令和　　年　　月　　日まで

申請者は、租税特別措置法 第70条の4第1項 第70条の6第1項 の規定の適用を受ける農地等に係る農業経営を上記の期間引き続き行っていることを証明する。

〇〇農委第　　　　号
令和　　年　　月　　日

〇〇農業委員会会長

11 都市農地のこれまでの経緯と現状

(1) 都市計画法における農地の位置付け

昭和30～40年代の高度成長期、わが国は、高度経済成長に伴い都市への急激な人口流入と産業集中が進みます。そこで、無秩序な市街地の拡大を防止しつつ、宅地開発の需要に対応していくため、昭和43（1968）年に都市計画法が制定されました。

都市計画法では、日本の国土を市街化区域と市街化調整区域に区分し、市街化区域を「概ね10年以内に優先的かつ計画的に市街化を図るべき区域」としました。市街化区域内の農地においては、農業委員会へ届出をすることにより、宅地などへ農地転用することが可能となります。

一方、市街化調整区域においては、市街化を抑制し、環境を保全するため、原則として建物を建てることができないこととなりました。農業は、この区域を主として計画的・集中的に行うこととなります。

さらに、農業地域を保全・形成し、農地の無秩序なかい廃等を抑制するため、翌年の昭和44（1969）年に農業振興地域の整備に関する法律が制定され、同法

図表26 都市計画法による区域区分

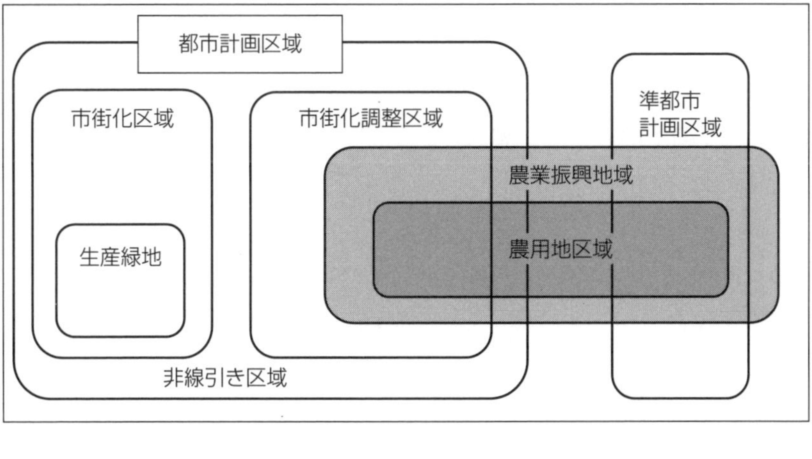

に基づき指定された農用地区域においては、農地の転用は原則として許可されないこととなりました。

(2) バブル期における宅地化の促進

昭和50～60年代に入り、三大都市圏を中心として地価が高騰する中、市街化区域内の農地に対しては、その宅地化が強く求められることとなります。

そのため、平成3年以降、国は、市街地の農地を「宅地化する農地」と「保全する農地」に区分することとしました。

「宅地化する農地」に対しては、それまで実質的に（税負担の低額な）農地課税であったものについて、（税負担の高額な）宅地並みの課税がされることとなりました。

一方で、市街化区域内において「保全する農地」とされたものは、平成4年以降、生産緑地地区として30年間農地として維持・管理していくことを要件に（低額な）農地課税とされることとなりました。

また、相続税の納税猶予制度も、それまで三大都市圏特定市は市街化区域全域で適用が可能でしたが、生産緑地でなければ納税猶予の適用ができないとなるなど、宅地化の促進が図られることとなり、その結果、平成5年から平成28年にかけて、市街化区域内農地の面積は約半分に減少しています（図表27）。

(3) 農地の固定資産税

農地の固定資産税は、市街化区域外の「一般農地」と市街化区域内の「市街化区域農地」に区分されて評価及び課税されます。固定資産税は、1月1日現在の固定資産（土地、家屋、償却資産）の所有者に課せられる税金です。基本的な算式は、固定資産評価額×1.4％となります。

市街化区域農地は、さらに「生産緑地」と「一般市街化区域農地」、「三大都市圏特定市の市街化区域農地（特定市街化区域農地）」の3つに区分されます。

一般農地については、農地の売買実例価格を基に評価（農地評価）され、課税に当たっては農地課税となります。固定資産税の税額は、例えば100 m^2 当たり年間数百円程度と、比較的小さなものになります。

図表27 市街化区域内農地面積

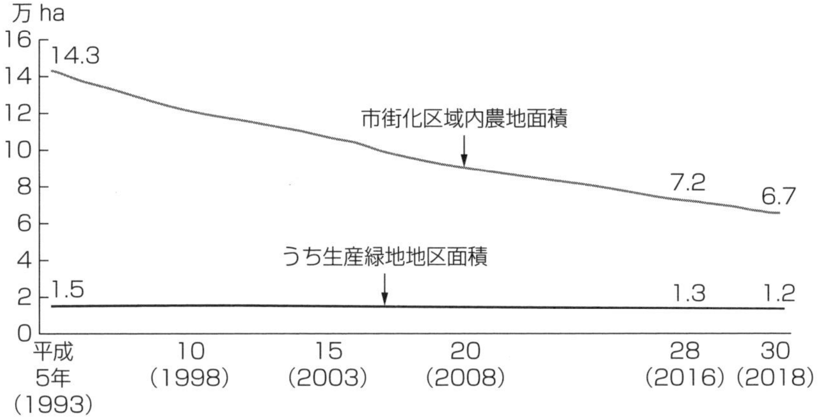

資料：総務省「固定資産の価格等の概要調書」、国土交通省「都市計画現況調査」を基に農林水産省で作成

図表28 固定資産税における農地区分

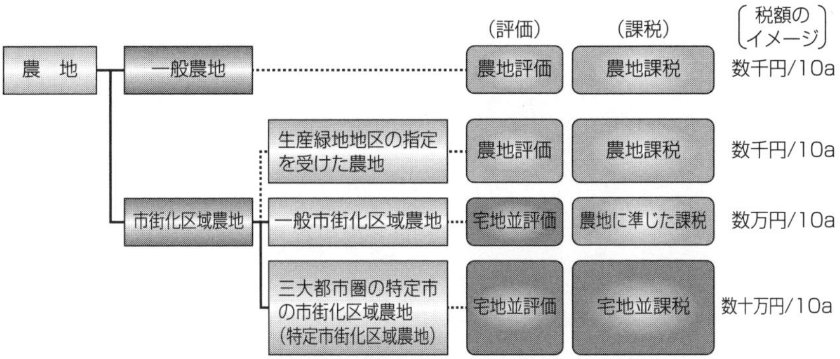

農地評価：農地利用を目的とした売買実例価格を基準として評価
宅地並評価：近傍の宅地の売買実例価格を基準として評価した価格から造成費相当額を控除した価格

市街化区域内の農地も、生産緑地に指定されたものついては農地評価、農地課税となります。

一方、三大都市圏特定市（15 頁参照）においては宅地並評価、宅地並み課税となり、固定資産税の税額は、例えば 100 m^2 当たり数万円となるなど、比較的高額となります。

一般市街化区域農地については、宅地としての価格形成が行われていることから宅地の価額を基準として評価額が求められます（宅地並み評価）が、課税に当たっては一般農地の負担調整措置が適用されるため、実質の課税は農地に準じた課税となります。

ただし、一般市街化区域農地の中には、既に高い負担水準に達している農地も多く、必ずしも農地に準じた低い課税となっているといえないものもあります。

(4) 都市農地の保全

平成に入って以降、バブル経済の崩壊による地価下落や人口減少、高齢化社会により、市街地の宅地は供給が過剰となることが懸念されるようになります。

これに反して、平成 27 年度の税制改正では相続税の課税対象者が増加したため、市街地農地にアパート・マンションを建築して相続税の節税を図るなど、宅地の供給は一層加熱した状況となっています。

さらには、平成 4（1992）年に指定された多くの生産緑地が、30 年後の令和 4（2022）年に一斉に解除がなされて宅地の供給がさらに増えることが予想される状況となりました。

そのような状況を踏まえ、国は、市街地農地の必要性を見直し、従来はそれを「宅地化すべきもの」としてきましたが、「あるべきもの」へと転換を図ることとなります。

平成 27（2015）年 4 月、都市農業の安定的な継続を図るとともに、多様な機能の適切かつ十分な発揮を通じて良好な都市環境の形成に資することを目的として、都市農業振興基本法が制定されました。

都市農業振興基本法では、都市農業の振興に関する基本理念として、①都市農業の多様な機能の適切かつ十分な発揮と都市農地の有効な活用及び適正な保全が図られるべきこと、②良好な市街地形成における農地との共存に資するよう都市農業の振興が図られるべきこと、③国民の理解の下に施策の推進が図られるべきことを明らかにするとともに、政府に対し、必要な法制上、財政上、税制上、金融上の措置を講じるよう求めています。

なお、都市農地は、①新鮮な農産物の供給、②身近な農業体験・交流活動の場の提供、③災害時の防災空間の確保、④やすらぎや潤いをもたらす緑地空間の提供、⑤国土・環境の保全、⑥都市住民の農業への理解の醸成といった多様な役割を発揮することから多面的な機能が見直されるようになりました。

(5) 生産緑地法の改正

前述のとおり、現在の生産緑地の多くは、平成 4（1992）年の法改正の際に指定を受けたものであることから、30 年目となる令和 4（2022）年に、多くの生産緑地の指定が解除されることとなり農地が一斉に宅地化されることが懸念されてきました。

そこで、平成 29（2017）年、①生産緑地地区の面積要件をそれまで 500 m^2 であったものを条例で 300 m^2 まで引き下げることを可能にし、②同地区内の行為制限を緩和するとともに、③生産緑地指定から 30 年経過後には 10 年ごとの更新を可能とする特定生産緑地を創設する改正が行われました（197 頁参照）。

また、都市計画法における用途地域において、住居系用途地域の一類型として、平成 4（1992）年に 12 種類となって以来 25 年ぶりに新たに田園住居地域が創設されています。

このようにして宅地の供給過多への歯止めをかける政策がとられることとなりました。

(6) 都市農地の貸借の円滑化に関する法律

ただし、市街地の農地を維持したとしても、農地の所有者が会社員（サラリーマン兼業農家）であったり、高齢であったりすることが多いため、自ら耕作をすることができず、農地を有効に活用することが困難な状況も生じてきます。

そこで、平成 30（2018）年 9 月に「都市農地の貸借の円滑化に関する法律」（都市農地貸借法）が制定され、市街化区域内にある生産緑地（都市農地）を対象に、意欲ある都市農業者等へ農地を貸したり、市民農園として利用しやすくするなどその有効活用を図ることとなりました。

従来、農地法の下では農地を一度貸すと返ってこないという状況にありましたが、期間を定めて賃貸することができるなどの都市農地の貸借の円滑化の措置が講じられました。

なお、都市農地において相続税・贈与税の納税猶予制度を適用している場合、自ら農業を行わなければならず、他者に貸し付けた場合には納税猶予制度の継続ができないこととなってしまいます。

そこで、平成30（2018）年度税制改正において、生産緑地においては、他の都市農業者へ農地を貸したり、市民農園として農地を開放しても引き続き納税猶予制度が継続できることになりました。

第2章　贈与税の納税猶予制度

1　贈与税の納税猶予制度とは

POINT

農地等の贈与税の納税猶予とは、農業を営んでいる者（贈与者）が、農業の用に供している農地を農業後継者に贈与した場合に、贈与税を猶予するという制度です。

この猶予された贈与税は、贈与者が死亡した場合に免除されますが、生前に贈与された農地を贈与者から相続したものとして相続税の課税対象となります。

（1）　贈与税の納税猶予の概要

個人が財産をもらったとき、その贈与された財産の価額が、1月1日から12月31日までの1年間に基礎控除額（110万円）を超える場合には、その超える額に対して贈与税がかかります。

不動産（農地）の贈与となると、その評価額は何百万円、何千万円になりますので、贈与税額も大きなものとなります。

そこで、贈与税の納税猶予とは、農業を営んでいる者（贈与者）が、農業の用に供している農地等を農業後継者（推定相続人の1人）に贈与した場合に、贈与税が猶予されるという制度です（猶予される贈与税額を「農地等納税猶予税額」といいます）。

この贈与税の納税猶予は、贈与者又は受贈者のいずれかが死亡した場合に免除されますが、農地に対して税金が課されないというわけではなく、特例を適用した農地等は贈与者の死亡に伴って相続したものとして相続税の課税対象となります。

なお、贈与税の納税猶予の適用を受けている農地等について、受贈者が①農業経営を廃止した場合や、②納税猶予の適用農地等の受渡し、貸付け、転用又は耕作の放棄があったような場合においては、原則として納税猶予は打切りとなり、猶予されていた贈与税の全部又は一部と利子税を納税することになります。

図表1 贈与税納税猶予制度

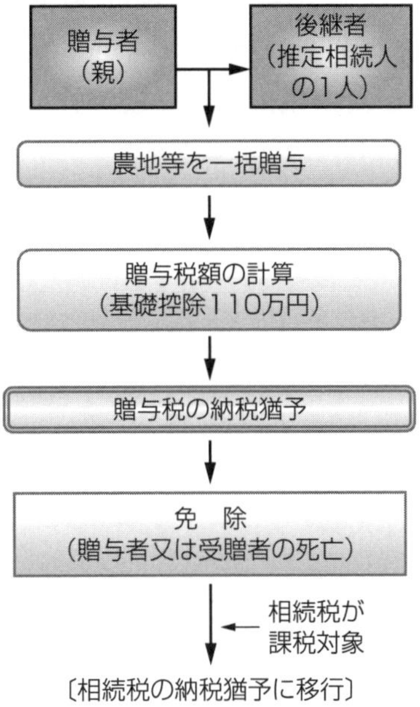

【ケーススタディ】納税猶予の特例の適用を受けていた生前贈与の農地に係る贈与税額の免除

Q　3年前に父から農地等の全部について贈与を受け、その贈与税について納税猶予の特例の適用を受けていたところ、父が死亡しました。この場合納税猶予の特例の適用を受けていた贈与税はどうなりますか。

A　父の死亡により、納税猶予の特例の適用を受けていた贈与税は免除されます（贈与者の死亡の日前に所定の事由が生じたため既に納税猶予の期限が確定し、納付すべきこととなった贈与税は除きます）。

そして、贈与を受けた農地等は、受贈者が父から相続により取得したものとみなされて相続税の課税対象となります。

(2) 納税猶予適用の要件

贈与税の納税猶予制度の適用を受けるためにはいくつかのポイントがあります。

第一に、どのような農地を所有していたら適用できるのかという点です。

第二に、どのような贈与者が適用できるのかという点です。

第三に、どのような受贈者が適用できるのかという点です。

最後に、納税猶予期間中に要件を満たさなくなった場合にどうなるのかという点です。

次から、贈与税の納税猶予を適用するための以上のような各ポイントを解説していくこととします。

図表2 要件の判定フローチャート

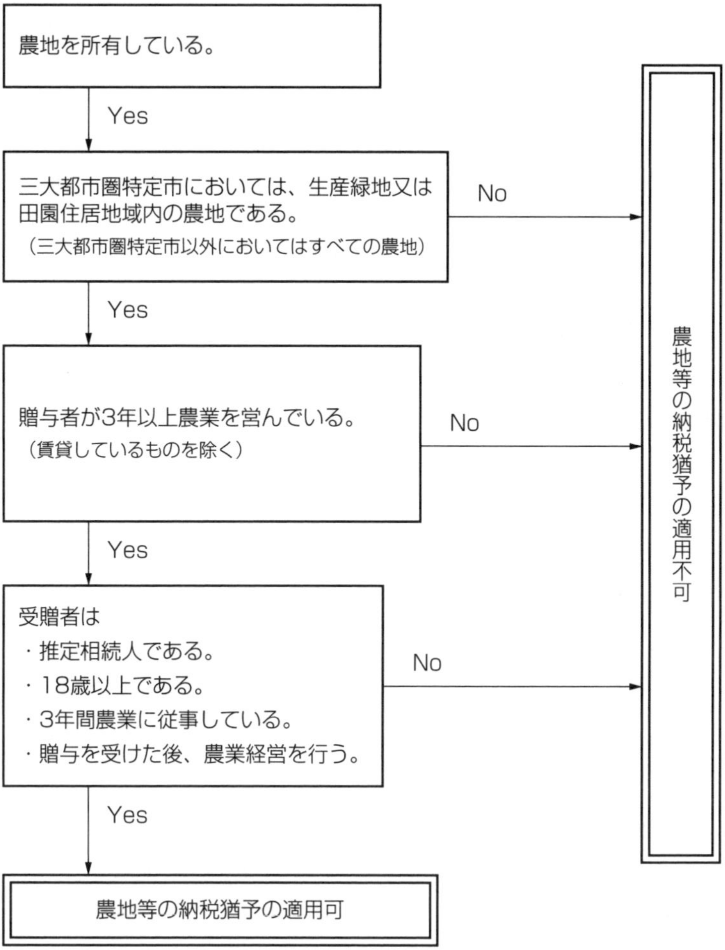

2 贈与の要件

POINT

贈与者は、農業後継者（推定相続人）に対し、①その農業の用に供している農地の全部、又は、②採草放牧地の3分の2以上の面積のもの、③準農地の3分の2以上の面積のものを一括して贈与する必要があります。

贈与税の納税猶予の適用を受けるためには、贈与者が、農業後継者（推定相続人）に対し、①その農業の用に供している農地の全部、又は、②採草放牧地の3分の2以上の面積のもの、③準農地の3分の2以上の面積のものを一括して贈与する必要があります。

なお、この場合の農地又は採草放牧地には、その土地の上に存する地上権、耕作権、永小作権、使用貸借による権利及び賃借権も含まれますので、贈与者が、第三者の所有する農地又は採草放牧地を借りて自己の農業の用に供している場合には、これらの権利もあわせて贈与しなければなりません。

一方、贈与者が、自己の所有する農地又は採草放牧地を第三者に賃貸している場合には、贈与者自身の農業の用に供しているものではないため、生前一括贈与の対象とはなりません。

【ケーススタディ】同一年中に複数の者に贈与した場合

Q 甲は、7ヘクタールの農地について30年間にわたって農業経営を行ってきました。

その農地のうち2ヘクタールを長男・乙（引き続き3年以上農業に従事）に、その他の農地を二男・丙（引き続き3年以上農業に従事）にそれぞれ贈与しました。

この場合、乙及び丙は、贈与税の納税猶予の特例の適用を受けることができますか。

郵 便 は が き

料金受取人払郵便

落合局承認

4302

差出有効期間
2022年８月31日
（期限後は切手を
おはりください）

１６１－８７８０

東京都新宿区下落合2-5-13

㈱ 税務経理協会

社長室行

お名前	フリガナ		性別	男 ・ 女
			年齢	歳
ご住所	□□□-□□□□　TEL　（　　）			
E-mail				
ご職業	1．会社経営者・役員　2．会社員　3．教員　4．公務員 5．自営業　6．自由業　7．学生　8．主婦　9．無職 10．公認会計士　11．税理士　12．行政書士　13．弁護士 14．社労士　15．その他（　　）			
ご勤務先・学校名				
部署		役職		

ご記入の感想等は，匿名で書籍のＰＲ等に使用させていただくことがございます。
使用許可をいただけない場合は，右の□内にレをご記入ください。　□許可しない

ご購入ありがとうございました。ぜひ、ご意見・ご感想などをお聞かせください。
また、正誤表やリコール情報等をお送りさせて頂く場合もございますので、
E-mail アドレスとご購入書名をご記入ください。

この本の タイトル	

Q1　お買い上げ日　　　　年　　　月　　　日

ご購入方法　1．書店·ネット書店で購入（書店名　　　　　　　　　　）
　　　　　　2．当社から直接購入　　3．その他（　　　　　　　　　　）

Q2　本書のご購入になった動機はなんですか？（複数回答可）
1．タイトルにひかれたから　　2．内容にひかれたから
3．店頭で目立っていたから　　4．著者のファンだから
5．新聞・雑誌で紹介されていたから（誌名　　　　　　　　　　）
6．人から薦められたから　　7．その他（　　　　　　　　　　）

Q3　本書をお読み頂いてのご意見・ご感想をお聞かせください。

Q4　ご興味のある分野をお聞かせください。
1．税務　　2．会計・経理　　3．経営・マーケティング
4．経済・金融　　5．株式・資産運用　　6．法律・法務
7．情報·コンピュータ　　8．その他（　　　　　　　　　　）

Q5　カバーやデザイン、値段についてお聞かせください

①タイトル	1良い	2目立つ	3普通	4悪い
②カバーデザイン	1良い	2目立つ	3普通	4悪い
③本文レイアウト	1良い	2目立つ	3普通	4悪い
④値段	1安い	2普通	3高い	

Q6　今後、どのようなテーマ・内容の本をお読みになりたいですか？

A 贈与税の納税猶予の特例は、農地等の贈与者が贈与をした日の属する年において他に農地等の贈与をしていないことなどを条件として認められるものです。

したがって、乙、丙の両名はいずれも贈与税の納税猶予の特例を受けることはできません。

3 贈与者の要件

POINT

贈与税の納税猶予を受けるためには、農地等の贈与者について、次の要件を満たす必要があります。

① 農地等の贈与の日まで引き続き3年以上農業を営んでいたこと

② 過去に農地等の贈与税の納税猶予の特例に係る生前一括贈与をしていないこと

③ その贈与の年において、今回の贈与以外に農地等の贈与をしていないこと

④ その贈与の年の前年以前において、推定相続人に対し相続時精算課税を適用する農地等の贈与をしていないこと

(1) 「農業を営んでいた」とは

「農業を営んでいた」とは、相続税と同様、耕作又は養畜の行為を反復、かつ、継続的に行う個人をいいます。

その者が、①耕作もしくは養畜による生産物を自家消費に充てている場合や、②会社、官庁等に勤務するなど他に職業を有している場合、③他に主たる事業を有している場合であっても、その耕作又は養畜の行為を反復、かつ、継続的に行っている限り、農業を営む個人に該当します。

なお、「農業を営んでいた者」は、必ずしも所得税の課税上、農業の事業主であることが要件とはされていません。

その農業所得を配偶者や子名義で申告しているときであっても、贈与者が農業に従事しているのであれば、「農業を営んでいた個人」に該当するものとして取り扱われます。

【ケーススタディ】農業所得の申告が被相続人の妻名義でなされている場合

Q 農地等を所有する甲は、会社に勤務しているため、農業所得は甲の妻の名義で申告していました。

今回、その農地を甲から子・乙に生前一括贈与しましたが、この場合、甲は「農業を営む個人」に該当しますか。

A 贈与者が会社に勤務するかたわら農業に従事している場合には、その農業所得を妻名義で申告しているときであっても、その贈与者は「農業を営む個人」に該当するものとして取り扱われます。

(2) 贈与者が経営移譲していた場合

贈与税の納税猶予は、農地等の生前一括贈与をする日まで引き続き 3 年以上農業を営んでいたことが要件とされています。したがって、その贈与者が贈与の日前に既に農業経営を移譲しているような場合には、原則として、特例の適用を受けることができないことになります。

ただし、次に掲げる事由により農業経営の移譲が行われており、かつ、贈与者が農業経営を移譲する前に引き続き 3 年以上の農業を営んでいた実績を有している場合には、贈与の日において「農業を営んでいた個人」に当たるものとして取り扱われます。

① 贈与者が老齢又は病弱のため、贈与の日前において、その者と住居及び生計を一にする親族並びにその者が行っていた耕作又は養畜の事業に従事していたその他の 2 親等内の親族に農業経営を移譲していたこと

② 贈与者が特例付加年金又は経営移譲年金の支給を受けるため、その贈与の日前に、その者の親族に農業経営を移譲していたこと（118 頁）

4 受贈者の要件

POINT

贈与税の納税猶予は、受贈者が贈与者の推定相続人であり、かつ、次の①から④に該当する者である必要があります。

① 贈与を受けた日の年齢が 18 歳以上であること

② 贈与を受けた日まで引き続き 3 年以上農業に従事していたこと

③ 贈与を受けた後、速やかに農業経営を行うこと

④ 農業委員会の証明の時において認定農業者等であること

（1） 受贈者の要件

贈与税の納税猶予は、受贈者が贈与者の推定相続人でなければ適用することができません。そして、次の①から④の要件のすべてを満たすことにつき、農業委員会（農業委員会を置かない市町村にあっては、市町村長）の証明を受ける必要があります。

① 贈与を受けた日の年齢が 18 歳以上であること

② 贈与を受けた日まで引き続き 3 年以上農業に従事していたこと

③ 贈与を受けた後、速やかに農業経営を行うこと

④ 農業委員会の証明の時において認定農業者等（※）であること

（※） 認定農業者等とは、次のいずれかに該当する者をいいます。

① 認定農業者（農業経営基盤強化促進法に基づく農業経営改善計画に係る認定を受けた農業経営者）

② 認定就農者（新たに農業経営を営もうとする青年等で農業経営基盤強化促進法で規定する青年等就農計画の認定を受けた者）

③ 基本構想水準到達者（農業経営基盤強化促進法に規定する基本構想に掲げる事項を満たしている者）

（2） 推定相続人とは

贈与者の推定相続人とは、贈与を受けた日現在において、贈与者の最先順位

の相続権（代襲相続権を含みます）を有する者をいい、受贈者の別に応じて次のとおりとなります。

① 贈与者の子（代襲相続人である孫等を含みます）又は配偶者

② 贈与があった日において、贈与者に子がいない場合の直系尊属

③ 贈与があった日において、贈与者に子及び直系尊属がいない場合の兄弟姉妹（代襲相続人である甥、姪を含みます）

なお、農地等の贈与があった日とは、原則として、それぞれ次に掲げる日となります。

① 所有権の移転について農地法による許可を必要とするものは、その許可があった日

② 所有権の移転について農地法による届出を必要とするものは、その届出の効力が生じた日

【ケーススタディ】農地を祖父と父からそれぞれ贈与を受けた場合の納税猶予

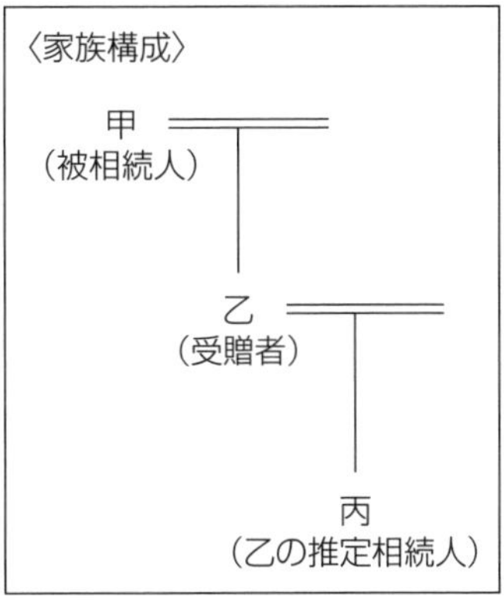

Q 祖父甲と父乙はそれぞれ農地を所有し、農業を営んでいます。この度、丙は、甲と乙から、それぞれが所有する農地の全部の贈与を受けました。

この場合、贈与税の納税猶予の適用が受けられますか。

A 乙から丙への贈与については、納税猶予の適用が受けられますが、甲から孫丙への贈与については、受贈者が贈与者の推定相続人ではないため、納税猶予の適用は受けられません。

この場合、甲が乙に農地の全部を贈与し、次に乙から丙へ贈与する場合、贈与税の納税猶予の適用関係は、次のようになります。

(1)　甲の農地を乙に贈与し、その後、乙が従前から所有している農地と甲からの受贈農地とをあわせて丙へ一括贈与した場合

①　甲から乙への贈与については、乙に納税猶予の適用があります。

②　乙から丙への贈与については、丙に納税猶予の適用はありますが、甲からの受贈農地に係る乙の納税猶予の期限は確定します。

(2)　乙の農地を丙に贈与し、次に甲の農地を乙へ贈与し、その後、乙は甲から受けた受贈農地を丙に贈与した場合

①　乙から丙への贈与については、丙に納税猶予の適用があります。

②　甲から乙への贈与については、乙が甲から受贈農地に係る農業経営を開始すれば、乙に納税猶予の適用があります。

③　乙から丙への贈与については、乙は既に上記①において納税猶予に係る贈与者になっており、再度納税猶予に係る贈与者となることはできません。したがって、丙に納税猶予の適用はないこととなります。

(3)　甲の農地を乙に贈与し、次に甲からの受贈農地だけを乙から丙に贈与した後、乙が従前から所有している農地を丙に贈与した場合

①　甲から乙への贈与については、乙に納税猶予の適用があります。

②　乙から丙への贈与については、乙の所有する農地の全部を贈与していないため、丙に納税猶予の適用はありません。この場合、甲からの受贈農地に係る乙の納税猶予の期限は確定します。

③　乙から丙への贈与については、乙の所有する農地の全部を贈与しているため丙に納税猶予の適用があります。

(3)　推定相続人に該当しないこととなった場合

贈与のときに推定相続人であった者が、次に掲げる場合に該当することとなったときは、贈与者の推定相続人に該当しないこととなります。

①　受贈者が贈与者の養子又は養親である場合において、養子縁組の取消し

又は離縁が行われたとき

② 受贈者が贈与者の配偶者である場合において、婚姻の取消し又は離婚が行われたとき

③ 受贈者が贈与者の尊属又は兄弟姉妹である場合において、出生、認知又は養子縁組により贈与者に子があることとなったとき（兄弟姉妹がその事実の生ずる前に贈与者の養子となった場合を除きます）

④ 受贈者が推定相続人から廃除された場合（民 892）

猶予された贈与税が免除となる前に推定相続人に該当しないこととなったときは、その贈与税額の全部とあわせて利子税を納付しなければなりません。

(4) 3年以上農業従事の判定

受贈者は、農地等の贈与を受けた日まで3年以上農業に従事していたことが必要とされています。

なお、3年以上農業に従事していたかどうかを判定する場合の3年以上の期間には、大学、高等学校等の農業に関する学科を学んだ期間及び学生、生徒又は給与所得者等として農繁期及び休祭日等に農業に従事していた期間を含めても差し支えないものとされています。

したがって、例えば推定相続人が大学生で農繁期に農業を手伝っているようなケースにおいては、この期間を含めて3年以上農業に従事していたことになり、その者が推定相続人に該当し、農地等の贈与を受けた後速やかに農業経営を行うことになれば、贈与税の納税猶予の適用を受けることができます。

5 納税猶予額の計算方法

贈与税の計算は、まず、その年の1月1日から12月31日までの1年間に贈与によりもらった財産の価額を合計します。

次に、その合計額から基礎控除額（110万円）を差し引いた残りの金額に税率を乗じて税額を計算します。その年に農地等とそれ以外の財産の贈与を受けた場合には、その年分の贈与税額のうち農地等の価額に対応する部分について納税猶予が適用されます。

したがって、納税猶予税額は、次の算式によって計算することになります。

〈算式〉

〔その年中に贈与により取得したすべての財産を基に計算した贈与税額〕－〔農地等の贈与がなかったものとして計算した贈与税額〕＝納税猶予税額

その年分の贈与税額のうち農地等以外の財産に対応する税額（その年分の贈与税額－納税猶予税額）は、贈与を受けた年の翌年の3月15日（法定納期限）までに納付をすることになります。

【ケーススタディ】納税猶予額の計算

Q 今回の贈与者は、農業後継者である長男へ農地の一括贈与を行い、納税猶予制度の適用を行います。本年中に贈与した財産は、農地（3,000万円）とその他財産（1,000万円）です。

贈与税額はどのように計算すればよいですか。

A 下記のとおり、通常の贈与税額は1,530万円となりますが、そのうち1,353万円が猶予され、実際に納付する税額は177万円となります。

①通常の評価による贈与税額

農地		農地以外		課税価格の合計額
3,000万円	＋	1,000万円	＝	4,000万円

課税価格の合計額		基礎控除額		課税価格
4,000万円	－	110万円	＝	3,890万円

		贈与税額
課税価格が3,890万円の税額	＝	1,530万円

②農地以外の贈与税

農地以外の課税価格		基礎控除額		課税価格
1,000万円	－	110万円	＝	890万円

		贈与税額
課税価格が890万円の税額	＝	177万円

③納税猶予税額

				納税猶予税額
1,530万円	－	177万円	＝	1,353万円

6 納税猶予額の免除

1 納税猶予額が免除される場合

納税猶予の適用を受けた贈与税は、その贈与者が死亡したとき又はその贈与者が死亡する前に受贈者が死亡したときに免除されます。

贈与者が死亡した場合には受贈者が、また、受贈者が死亡した場合には贈与者又は受贈者の相続人は、「贈与税の免除届出書」を死亡の日後遅滞なく提出しなければなりません。

なお、贈与税が免除されたとしても、農地に対して課税がされないというわけではなく、特例の適用を受けて納税猶予の対象になっていた農地等は贈与者より相続したものとして相続税の課税対象となります。

7　納税猶予期限の確定

1　納税猶予期限の全部確定

POINT

　贈与税の納税猶予期間中に確定事由に該当することとなった場合、猶予されている贈与税の全部と利子税を納付しなければならないことになります。

(1)　納税猶予期限の確定事由

　贈与税の納税猶予は、贈与者の死亡により免除されますが、その免除要件に該当する前に次の①から⑥に掲げるような場合に該当することとなったときは、2か月を経過する日までに猶予されている贈与税額の全部とあわせて利子税を納付しなければなりません。

① 特例適用農地等の合計面積の20％超の譲渡、貸付、転用、耕作放棄をした場合
② 受贈者が、特例適用農地等での農業経営を廃止した場合
③ 受贈者が、贈与者の推定相続人に該当しないこととなった場合
④ 受贈者が、納税猶予に係る贈与税額の全額と利子税を納付して、納税猶予の適用を取りやめる旨の届出書を提出した場合
⑤ 継続届出書の提出をしなかった場合
⑥ 担保価値が減少したことなどにより、増担保又は担保の変更を求められた場合で、その求めに応じなかった場合

　譲渡した特例適用農地等の面積が20％を超えるかどうかの計算については54頁を参照してください。

　なお、特例適用農地等の譲渡等をした場合については、相続税と同様に特例適用農地等の買換えの特例が設けられています。

(2) 期限の確定事由から除かれる転用

農地等の転用のうち、次のものは期限の確定事由から除かれます。

① 採草放牧地から農地への転用

② 準農地から採草放牧地又は農地への転用

③ 特例適用農地等の耕作又は養畜の事業に係る施設への転用

なお、③については、特例適用農地等を受贈者の耕作又は養畜の事業にかかる事務所、作業場、倉庫その他の施設、事業に従事する使用人の宿舎の敷地にするための転用は、納税猶予にかかる期限の確定事由から除かれます。

これらの期限の確定事由から除かれる転用が行われた土地は、既に農地法の適用を受けなくなっていますが、納税猶予の適用においては、その転用後も転用前の状態のままであるものとして取り扱われます。

2 納税猶予期限の一部確定

POINT

贈与税の納税猶予期間中に一部確定事由に該当することとなった場合、その該当することとなった特例適用農地等に対応する部分の猶予されている贈与税と利子税を納付しなければならないことになります。

1 のケースにおいては猶予された贈与税の全部を納付しなければなりませんが、次の①から⑤に掲げるような場合に該当することとなったときには、その納税猶予税額のうち、その該当することとなった特例適用農地等の価額に対応する部分の税額を納付しなければならないことになります。これを「期限の一部確定」や「納税猶予の一部打切り」、「猶予期限の一部繰上げ」などといいます。

① 特例適用農地等の合計面積の20％以下の譲渡、貸付、転用、耕作放棄をした場合

② 収用交換等により譲渡した場合

③ 生産緑地地区内の農地について、買取りの申出があった場合

④　農用地区域内の農地等について、農地中間管理機構への譲渡や利用権設定等促進事業に基づき譲渡した場合

⑤　贈与を受けた準農地を、贈与税の申告期限後 10 年以内に開発して農地又は採草放牧地にしなかった場合

【ケーススタディ】納税猶予期間中の受贈農地の譲渡

Q　贈与税の納税猶予の特例を受けていますが、今回、贈与を受けた農地の一部を譲渡しました。この場合、引き続き納税猶予は認められますか。

A　その譲渡する農地の面積が、受贈農地の面積の 20％を超えるときは、譲渡のあった日から 2 か月を経過する日までに猶予税額の全部を納付しなければなりません。

また、その割合が 20％以内のときは、猶予税額のうち、その譲渡に係る農地の面積に対応する部分の税額を譲渡のあった日から 2 か月を経過する日までに納付しなければなりません。

8 贈与者の死亡

1 贈与税の納税猶予における贈与者が死亡した場合の取扱い

POINT

贈与者が死亡した場合には、受贈者がそれまで納税猶予を受けていた贈与税は免除されます。そして、その贈与された特例適用農地等は、その贈与者から相続又は遺贈により取得したものとみなされて相続税の課税対象となります。

(1) 贈与者の死亡

農地等の生前一括贈与をした贈与者が死亡した場合には、受贈者がそれまで納税猶予を受けていた贈与税は免除されることになります。

そして、その贈与された特例適用農地等は、その死亡した贈与者から相続又は遺贈により取得したものとみなされて相続税の課税対象となります。

この場合の相続税の課税価格の計算に算入される農地等の価額は、贈与により取得した時の価額ではなく、その贈与者が死亡した日における価額によるため注意が必要です（相続時精算課税制度や相続開始前3年以内贈与財産の加算（相法19）において、相続財産に加算する贈与財産の価額は、「贈与時の価額」となります）。

なお、この規定の適用により相続税の課税対象となった農地等は、受贈者が引き続き農業経営を行うのであれば、改めて相続税の納税猶予の特例を受けるかどうかの選択を行うこととなります。

(2) 相続財産とみなされない場合

なお、農地等の生前一括贈与をした贈与者の死亡により、贈与者から相続又は遺贈により取得したものとみなされる農地等は、贈与者の死亡の日まで受贈者によって現に納税猶予の特例が継続していたものに限られます。

したがって、贈与者の死亡の日前に、納税猶予税額の全部について期限が確定しているときは、贈与税と利子税を納付することで完結し、相続財産とみなされることはありません。

2　3年以内の生前贈与加算との関係

POINT

贈与者の死亡の時において、納税猶予の適用を受けている特例適用農地等は「死亡の日」における価額で相続財産に加算されます。

相続又は遺贈により財産を取得した者が、相続開始前3年以内に被相続人から土地や株式、現預金といった財産の贈与を受けている場合は、その贈与されている財産の価額を相続税の課税価格に加算して相続税額の計算をします（相法19。「生前贈与加算」や「暦年贈与加算」などといいます）。

この場合に加算される贈与財産の価額は、贈与により「財産を取得したときの価額」によることになります。

一方、贈与税の納税猶予制度では、贈与者が死亡した際、相続税の課税価格に算入すべき農地等の価額は、贈与時の価額ではなく、その贈与者の「死亡の日における価額」とされています。

図表3 加算する価額の違い

	生前贈与加算	贈与税の納税猶予
加算する財産の価額	贈与時の価額	死亡時の価額

そこで、贈与者の死亡前3年以内に農地等の生前一括贈与が行われた場合、相続税の課税価格の基礎に算入すべき価額は、贈与時の価額なのか、死亡の日における価額なのかが問題となります。

この場合、3年以内の生前贈与加算と贈与税の納税猶予の適用については、次の（1）から（2）のように取り扱われます。

(1)　贈与税の猶予期間中に贈与者が死亡した場合（通常のケース）

農地等の生前一括贈与をした贈与者が３年以内に死亡した場合、贈与税の納税猶予の適用を受けている特例適用農地等は、受贈者が贈与者から相続又は遺贈により取得したものとみなされ、贈与者の「死亡の日」における価額で相続税が課税されます。

なお、そこで相続税の課税対象となった農地等については、相続税の納税猶予を受けることができます。

図表４ ３年以内の生前一括贈与

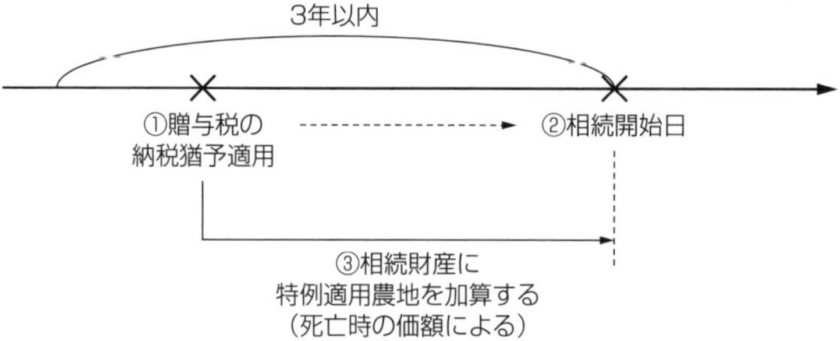

(2)　贈与税の納税猶予が打切りとなっている場合

①　生前贈与加算の適用を受ける農地等

生前贈与加算は、相続又は遺贈により財産を取得した者について適用がなされます。

したがって、農地等の生前一括贈与をした贈与者の死亡の日前３年以内に、納税猶予に係る贈与税の全部又は一部についての納税猶予の期限が確定しており、かつ、受贈者が贈与者から相続又は遺贈により財産を取得している場合においては、期限の確定に係る特例適用農地等は、「贈与の日」における価額で相続税が課税されます。

また、贈与の際に納付した贈与税は、相続税の計算上控除されることになります。

なお、この規定の適用を受ける農地等については、相続税の納税猶予の適用を受けることができません。

図表5 3年以内の納税猶予の打切り

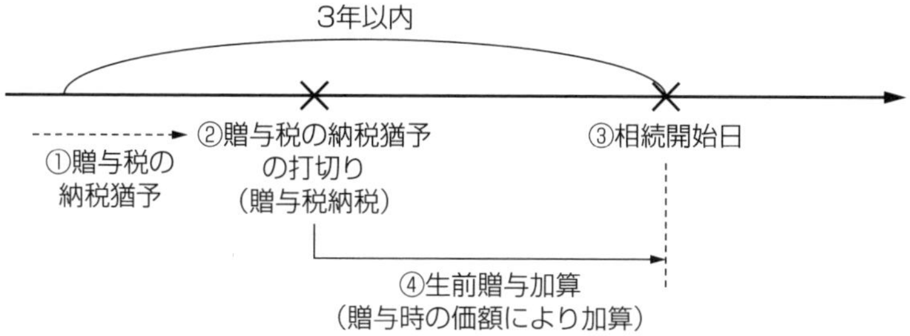

②　生前贈与加算の適用を受けない農地等

一方、生前贈与加算は、相続又は遺贈により財産を取得していない者には適用がありませんので、農地等の生前一括贈与をした贈与者の死亡の日前3年以内に、納税猶予に係る贈与税の全部又は一部についての納税猶予の期限が確定している場合においては、相続財産に加算することなく、猶予された贈与税を納付することになります。

図表6 生前贈与加算がない場合

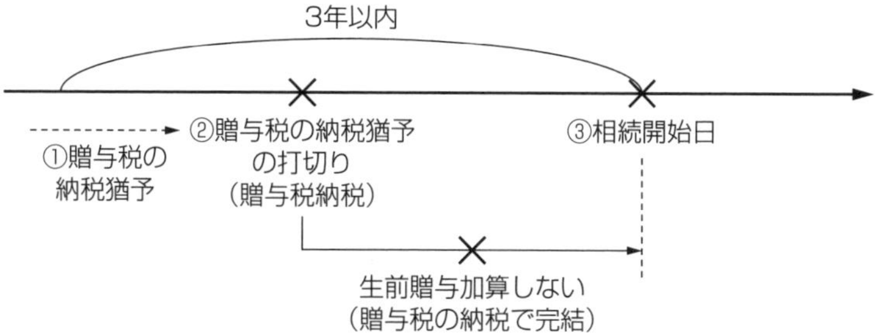

3 相続時精算課税との関係

POINT

相続時精算課税の適用者が、特定贈与者から贈与により取得した農地等について贈与税の納税猶予の適用を受ける場合には、相続時精算課税の適用を受けるか、又は、贈与税の納税猶予の適用を受けるかのいずれかになります。

(1) 相続時精算課税制度

贈与税の課税制度には、暦年課税と相続時精算課税の2つがあります。

暦年課税は、1月1日から12月31日までの1年間に基礎控除額（110万円）を超える場合に、その超える額に対して贈与税がかかるというものです。

そして、相続時精算課税は、原則として60歳以上の父母又は祖父母から、20歳以上の子又は孫に対して贈与を行った場合において選択できる制度です。農地に限らず、一般的な不動産や株式、預貯金などの財産を贈与できます。

この制度を適用した場合、贈与者である父母又は祖父母（相続時精算課税が適用された贈与者のことを「特定贈与者」といいます）が死亡した際、相続税の計算上、相続財産の価額に相続時精算課税制度を適用した贈与財産の価格（贈与時の価格）を加算して相続税額を計算します。

この制度を選択すると、その選択に係る贈与者から贈与を受ける財産については、その選択をした年分以降すべての贈与にこの制度が適用され、暦年課税へ変更することはできません。

なお、相続時精算課税の適用を受ける贈与財産については、その選択をした年以後、贈与を受けた財産の価額を毎年累積します。その累積された贈与財産の合計価額が、複数年にわたり利用できる特別控除額（2,500万円。前年以前において、既にこの特別控除額を控除している場合は、残額が限度額となります）を上回った場合、特別控除を超過した金額に、一律20％の税率を乗じて贈与税額を算出します。

(2) 精算課税と納税猶予

農地についても相続時精算課税制度の適用を受けることができるため、贈与税の納税猶予制度を使わなくても、農地の評価額が特別控除額の2,500万円以下であれば贈与税の負担がなく、2,500万円を超える部分には一律20％の贈与税を納付することにより推定相続人に農地の生前贈与ができます。

ただし、相続時精算課税制度では、受贈者（推定相続人）が1人に限定されないため、生前一括贈与制度が求める農業経営の細分化防止機能は損なわれる可能性があります。

そこで、相続時精算課税を適用した者が、特定贈与者から贈与により取得した農地等について、贈与税の納税猶予の適用を受ける場合には、その農地等については相続時精算課税の適用を受けることはできないこととなっています。

すなわち、相続時精算課税適用者であっても、農地等の生前一括贈与による贈与税の納税猶予の適用は可能ですが、納税猶予の適用を受ける農地等については、相続時精算課税の対象とはならないことになります。

図表7 精算課税と納税猶予

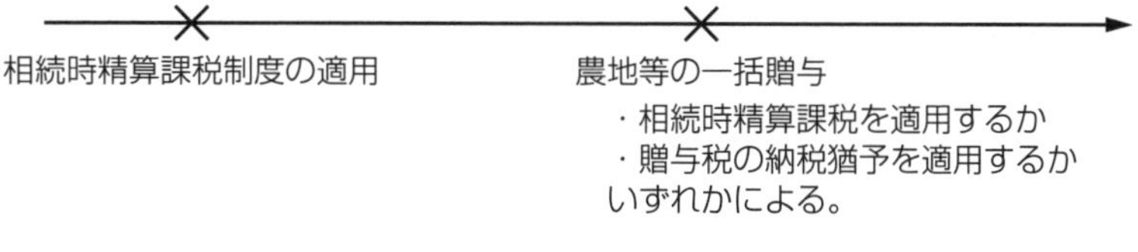

【ケーススタディ】相続時精算課税の適用を受けている場合①

Q 甲は、以前に父・乙（特定贈与者）から農地等以外の財産の贈与を受け、相続時精算課税の適用を受けています。

今年、その父から農地等の生前一括贈与を受けようと考えています。この場合、甲は贈与税の納税猶予の特例の適用を受けることができるでしょうか。

A 相続時精算課税適用者が、その贈与を受ける農地等について、贈与税の納税猶予の適用を受ける場合は、例外として相続時精算課税の適用はないこととされていますので、贈与を受ける農地等については、贈与税の納税猶予の適用を受けることができます。

ただし、特定贈与者から贈与により取得した農地等について、相続時精算課税の適用を受ける場合は、その贈与に係る贈与税について納税猶予の適用を受けることができないこととされています。

(3) 過去に農地の相続時精算課税を受けている場合

過去に父から他の推定相続人へ農地の贈与を行い、その際に相続時精算課税の適用を受けている場合は、残りの農地について一括贈与がされたとしても、贈与税の納税猶予を適用することができません。

【ケーススタディ】相続時精算課税の適用を受けている場合②

Q 父・甲は、昨年に農業の用に供していた農地の一部を二男・丙に贈与を行い、丙は相続時精算課税制度の適用を受けています。今年、残りの全ての農地を長男・乙へ贈与することにしました。

この場合、乙に対する贈与について、贈与税の納税猶予の特例の適用を受けることができるでしょうか。

A 昨年に贈与した農地について相続時精算課税の適用を受けている場合は、残りの農地について一括贈与がなされたとしても、贈与税の納税猶予の適用を受けることができません。

贈与をした日の属する年の前年以前において、その農業の用に供していた農地等をその者の推定相続人に対して贈与している場合でその農地が相続時精算課税の適用を受けているときは、贈与税の納税猶予の適用はできないこととされています。

9　受贈者の死亡

POINT

贈与税の納税猶予の期間中に、受贈者が死亡した場合は、その死亡した受贈者の相続人が、受贈者の相続財産として農地等を取得することとなります。この場合、受贈者において猶予されている贈与税は免除となりますが、贈与された農地が受贈者にかかる相続財産として相続税の計算を行います。

贈与者が死亡するよりも先に受贈者が死亡した場合、その死亡した受贈者からその者の相続人が本来の相続により農地等を取得することとなります。

この場合、受贈者において猶予されている贈与税は免除となりますが、贈与された農地が受贈者の相続財産として通常の相続税がかかります。

この場合にも、相続税の課税対象となった農地等は、受贈者の相続人が引き続き農業経営を行うのであれば、改めて相続税の納税猶予の特例を受けるかどうかの選択を行うこととなります。

10 特例適用農地等の譲渡等

1 特例適用農地等を宅地化・譲渡・贈与した場合の取扱い

POINT

受贈者が、納税猶予の特例の適用を受けた農地の全面積のうち、20％を超える農地の譲渡、贈与、転用、耕作を放棄、地上権、永小作権、使用貸借による権利、賃借権を設定した場合（以下、これらの行為を「譲渡等」といいます）には、納税猶予税額の全額を納付することになります。

また、その譲渡等をした農地等の面積が、特例適用農地等の全体面積の20％以下であるときは、その譲渡等をした特例適用農地等の価額に対応する部分の税額を納付することになります。

贈与税の納税猶予の適用を受けた受贈者（農業後継者）が、納税猶予の特例の適用を受けた農地等を譲渡、贈与、転用をしたり、耕作を放棄したり、地上権、永小作権、使用貸借による権利、賃借権を設定した場合、その譲渡等をした特例適用農地等の面積が特例適用農地等の合計面積の20％を超えるときは、納税猶予税額の全額を納付することになります。

また、その譲渡等をした特例適用農地等の面積が、特例適用農地等の全体面積の20％以下であるときは、下記の算式のとおり、その譲渡等をした特例適用農地等の価額に対応する部分の税額を納付することになります。

〈算式〉

$$\text{当初納税を猶予された贈与税額} \times \frac{\text{譲渡等をした特例適用農地等の相続税評価額}_{(※)}}{\text{贈与により取得した農地等のすべての相続税評価額}_{(※)}}$$

（※）贈与のときにおける価額

ただし、特例適用農地等の譲渡等があった場合であっても、1年以内に代替農地等を取得した場合や収用交換等による自己所有農地への付替えにおいては、相続税と同様、譲渡等がなかったものとみなされます。

2 納税猶予期限の確定事由の例外

POINT

受贈者が、特例適用農地等の譲渡等を行った場合であっても、特例適用農地等の買換えや自己所有農地への付替えを行った場合には、譲渡等がなかったものとみなされます。

(1) 特例適用農地等の譲渡に該当しない場合

受贈者が、特例適用農地等の全面積のうち、20％を超える農地の譲渡等をした場合には納税猶予税額の全額、20％以下であるときは譲渡等をした特例適用農地等の価額に対応する部分の税額を納付することになります。

ただし、以下の①から②のような一定の譲渡等は、なかったものとみなされます。

① 特例適用農地等の買換え

特例適用農地等の譲渡等があった場合においては、代替農地等の買換えの特例が設けられています。

特例適用農地等の譲渡等があった日から1年以内に代替農地として農地又は採草放牧地を取得した場合には、農地等の譲渡はなかったものとみなされて納税猶予を継続することができます。

この場合、譲渡をした日から1か月以内に所轄税務署へ「代替農地等の取得等に関する承認申請書」を提出し、税務署長の承認を受ける必要があります。そして、代替農地の取得後は、遅滞なく「代替農地等の取得価額等の明細書」を提出します。

なお、譲渡日から1年を経過する日において、税務署長の承認を受けたものうち、代替農地の取得がなかった場合には、その1年経過日において譲渡等があったものとみなされます。

②　自己所有農地への付替え特例

三大都市圏特定市に所在する特例適用農地等を収用・交換等により譲渡した場合には、代替農地等の付替え特例が設けられています。

譲渡した日から１年以内に、新たな代替農地等の取得がなくても、譲渡した農地等に代わるものとして、自己が所有する三大都市圏特定市に所在する農地を農業の用に供した場合には、農地等の譲渡はなかったものとみなされます。

この場合、譲渡日から１か月以内に所轄税務署へ「代替農地等の取得等に関する承認申請書」を提出し、税務署長の承認を受ける必要があります。そして、代替農地の取得後は、遅滞なく「代替農地等の取得価額等の明細書」を提出します。

なお、譲渡日から１年を経過する日において、税務署長の承認を受けたもののうち、代替農地等を農業の用に供していない場合には、その１年経過日において譲渡等があったものとみなされます。

(2)　特例適用農地等の貸付けに該当しない場合

納税猶予の適用を受けるためには、原則として、特例対象農地等において受贈者が自ら農業の用に供している必要があります。

ただし、特例適用農地等において、賃借権等の設定により貸付けをした場合であっても、以下の①から⑥のような一定の要件の下であれば賃借権等の設定はなかったものとみなされます。

①　特例付加年金又は経営移譲年金受給のための権利の設定

受贈者が特例付加年金又は経営移譲年金の支給を受けるため、その推定相続人の１人に対して特例適用農地等に使用貸借による権利を設定して経営移譲した場合、一定の要件の下で贈与税の納税猶予の継続が認められます。

②　一時的道路用地等にかかる特例適用農地等の貸付特例

納税猶予の適用を受けている者が、特例適用農地等を道路法や河川法、鉄道事業法などによる事業のために一時的に使用する道路、水路、鉄道その他の施設の用地（一時的道路用地等）とするために地上権、賃借権又は使用貸借による権利を設定して貸付けを行った場合、その権利の設定はなかったものとみなされて引き続き納税猶予の特例が継続されます。

③　営農困難時貸付の特例

納税猶予の適用を受けている者が、障害又は疾病等やむを得ない事情により、特例適用農地等について農業の用に供することが困難な状態になった場合、一定の貸付けを行ったときは、農業経営を廃止していないものとみなして、納税猶予の特例が継続されます（営農困難時貸付け。詳しくは 174 頁を参照）。

④　特定貸付けの特例

市街化区域外において、特例適用農地等を農業経営基盤強化促進法等に基づく一定の貸付けを行った場合、農業経営を廃止していないものとみなして、納税猶予の特例が継続されます。(特定貸付け。詳しくは 161 頁を参照)。

⑤　認定都市農地貸付け等の特例

生産緑地地区内の特例適用農地等において、都市農地の貸借の円滑化に関する法律に基づき貸付けを行った場合、農業経営を廃止していないものとみなして、納税猶予の特例が継続されます（認定都市農地貸付け等）。

⑥　特例適用農地等の借換特例

納税猶予の適用を受けている者が、農用地利用集積計画による賃借権等の設定に基づいて特例適用農地等を貸し付け、貸し付けた農地等（貸付特例適用農地等）に代わるものとして、農業の用に供する農地等（借受代替農地等）を同計画により借り受けた場合、その賃借権等の設定はなかったものとみなされ、引き続き納税猶予の特例が継続されます。

なお、その借受代替農地等の面積の合計が、貸付特例適用農地等の面積に対する割合の 80 %以上であることが要件となります。

11 申告手続き

1 期限内申告書の提出

POINT

贈与税の納税猶予を適用するためには、贈与税の申告書に、①担保提供に関する書類、②農業委員会による「適格者証明書」、③受贈者が贈与者の推定相続人であることを証する書類、④贈与事実を証する書類などの必要書類を添付して提出する必要があります。

(1) 期限内申告書の提出

贈与税の納税猶予の適用を受けようとする者は、贈与税の申告書に、贈与税の納税猶予の特例の適用を受ける旨並びにその農地等の明細、納税猶予税額の計算に関する明細を記載し、必要書類を添付して提出する必要があります。

また、その納税猶予税額及び利子税の額に相当する担保を提供しなければなりません。

なお、贈与税の申告書の提出期限は、贈与により財産を取得した年の翌年の3月15日となります。

(2) 添付書類

贈与税の納税猶予を受ける場合の申告書に添付すべき書類は、以下のとおりです。

① 贈与者及び受贈者が納税猶予の特例の適用要件に該当することにつき農業委員会による適格者証明書

② 受贈者が贈与者の推定相続人であることを証する書類(※)

③ 担保提供に関する書類

④ 贈与事実を証する書類

(※)　贈与者の推定相続人に該当することを証する書類として、次に掲げる書類が必要となります。

（イ）受贈者が贈与者の子又は配偶者である場合……受贈者の戸籍抄本

（ロ）受贈者が贈与者の孫等、尊属又は兄弟姉妹である場合……贈与者、受贈者及び贈与者の子の戸籍謄本

なお、次の⑤から⑥のいずれかに該当する場合は、それぞれ下記の書類が必要となります。

⑤　農地等のうちに三大都市圏特定市の区域内に所在する農地又は採草放牧地がある場合には、その農地又は採草放牧地が都市営農農地等である旨又は市街化区域以外の区域に所在するものである旨の市長又は特別区の区長の証明書

⑥　贈与を受けた土地が準農地である場合、市町村長による準農地該当証明書

図表8 添付書類

1	納税猶予の適用を受ける旨、特例の適用を受ける農地等の明細及び納税猶予税額の計算に関する明細を記載した書類（農地等の贈与税の納税猶予税額の計算書）
2	農地等の贈与者及び受贈者がこの特例の適用を受ける要件に該当している旨の農業委員会の証明書
3	受贈者が贈与者の推定相続人であることを証する書類（例えば、戸籍の抄本など）
4	担保として提供しようとする財産の明細書その他担保の提供に関する書類
5	準農地についてこの特例の適用を受ける場合には、その土地が準農地に該当する旨の市町村長の証明書
6	贈与の事実を証する書類（例えば、贈与契約書など）
7	農地等のうちに、農地法43条1項の規定により農作物の栽培を耕作に該当するものとみなして適用する同法2条1項に規定する農地がある場合には、その農地が同法43条2項に規定する農作物栽培高度化施設の用に供されているものである旨の農業委員会の証明書
8	農地等のうちに都市営農農地等がある場合には、その都市営農農地等が特例の対象となる農地又は採草放牧地に該当する旨の市長（区長）の証明書

<table>
<tr>
<td>9</td>
<td>贈与者が租税特別措置法施行令40条の6第1項に規定する個人に該当する旨を明らかにする贈与者の書類で次に掲げる事項の記載のあるもの（「令和○年分　農地等の贈与に関する確認書」など）
①　贈与者が今回の贈与の前年以前にその農業の用に供していた農地をその者の推定相続人に対し相続時精算課税の適用に係る贈与をしていないこと
②　今回の贈与の年中に今回の贈与以外の贈与により、農地及び採草放牧地並びに準農地を贈与していないこと
③　次に掲げる採草放牧地及び準農地の面積
<table>
<tr><td>A</td><td>贈与者が今回贈与をした採草放牧地</td></tr>
<tr><td>B</td><td>贈与者が今回の贈与の日までその農業の用に供していた採草放牧地</td></tr>
<tr><td>C</td><td>今回の贈与の前年以前に贈与者が贈与した採草放牧地のうち相続時精算課税の適用を受けるもの</td></tr>
<tr><td>D</td><td>贈与者が今回贈与をした準農地</td></tr>
<tr><td>E</td><td>贈与者が今回の贈与の日までに有していた準農地</td></tr>
<tr><td>F</td><td>今回の贈与の前年以前に贈与者が贈与した準農地のうち相続時精算課税の適用を受けるもの</td></tr>
</table>
④　Aの面積が、Bの面積及びCの面積の合計の3分の2以上となること
⑤　Dの面積が、Eの面積及びFの面積の合計の3分の2以上となること</td>
</tr>
</table>

(3)　贈与税の申告をする前に贈与者が死亡した場合

農地等の贈与者が、贈与をした年の中途、又は、その贈与をした年の翌年で贈与税の申告書の提出（期限）前に死亡した場合です。

この場合、相続又は遺贈により財産を取得した者については、相続開始前3年以内の贈与財産の加算（相続税法19条）が行われるため、贈与税の課税価格に算入されないので、贈与税の納税猶予の適用はないことになります。

一方、受贈者が贈与者の死亡に係る相続財産を取得しなかった場合、受贈者が、その農地等について、贈与税の納税猶予の適用を受ける旨の贈与税の申告書を提出したときは、贈与税の納税猶予の適用を受けることができます。

(4) 贈与税の申告をする前に受贈者が死亡した場合

農地等の受贈者が、贈与を受けた年の中途、又は、その贈与を受けた年の翌年で贈与税の申告書の提出期限前に申告書を提出しないで死亡した場合には、その受贈者の相続人は、相続税の申告期限までに、その死亡した受贈者が提出すべきであった贈与税の申告書を提出しなければなりません。

受贈者の死亡の時点で納税猶予の期限が確定することになりますが、この場合においても、その受贈者の相続人が、相続税の申告期限までに贈与税の申告書を提出したときは、贈与税が免除されることとなります。

2 農業委員会の証明

POINT

農業委員会による「贈与税の納税猶予に関する適格者証明書」とは、受贈者が、贈与を受けた農地等において、農業経営を開始し、その後も引き続き農業経営を行うと認められることを証明するものです。

農業委員会は、受贈者が贈与税の申告書の提出期限までに取得した農地等において、農業経営を開始し、その後も引き続き農業経営を行うと認められる者に該当することを証明して、「贈与税の納税猶予に関する適格者証明書」を発行します。

受贈者は、贈与税の期限内申告書にその適格者証明書を添付する必要があります。

なお、農業委員会に適格者証明書の発行を依頼する際には、相続税と同様に、各自治体（市町村）によって、その都度証明書を発行しているところもあれば、1か月に1度まとめて発行しているところもあるので、証明書が発行されるまでのスケジュールを確認しておく必要があります。

図表9 農業委員会発行の証明書

贈与税の納税猶予に関する適格者証明書

証　明　願

令和　年　月　日

（あて先）
○○農業委員会会長

農地等の受贈者氏名 ＿＿＿＿＿＿＿＿＿＿

電話番号　（　　　　　　　　）

下記の事実に基づき、贈与者及び私が租税特別措置法第７０条の４第１項の規定の適用を受けるための適格者であることを証明願います。

1　農地等の贈与者

住所		氏名		職業	
農業を営んでいた期間	年　自昭・平・令　年　月　至昭・平・令　年　月	贈与者が農業経営者でない場合	農業経営者の氏名		
			農業経営者と贈与者との同居・別居の別	同居　・　別居	

2　農地等の受贈者

住所		氏名		職業	
生年月日	昭平令　年　月　日	贈与者との続柄		贈与時における贈与者との同居・別居の別	同居　・　別居
農業に従事していた期間	年	農業関係学校の在学期間　年（　学校　科　昭・平・令　年卒業） 農業の専従・兼従期間　年（自昭・平・令　年至昭・平・令　年　月　日）			
農地等の贈与を受けた年月日	昭・平・令　年　月　日（農地法の許可年月日　昭・平・令　年　月　日）				
特例の適用を受けようとする農地等の明細	別表のとおり	左の農地等による農業経営の開始年月日	昭・平・令　年　月　日		
その他参考事項					

上記の証明願のとおり、農地等の贈与者及び受贈者は、租税特別措置法第７０条の４第１項に規定する適格者であることを証明する。

令和　年　月　日

○○農業委員会会長

3　継続届出書の提出

POINT

納税猶予を受けた受贈者は、納税猶予の期限が確定するまでの間、申告期限の提出期限の翌日から3年ごとに「贈与税の納税猶予の継続届出書」を所轄税務署長に提出しなければなりません。

贈与税の納税猶予を受ける者は、納税猶予の期限が確定するまでの間、その農地等の贈与に係る贈与税の申告期限の翌日から3年を経過するごとの日までに、引き続いて納税猶予の適用を受ける旨の「贈与税の納税猶予の継続届出書」を納税地の所轄税務署長に提出しなければなりません。

継続届出書が提出されないときは、原則として、その納税猶予に係る期限が確定し、その納税猶予の適用を受けている贈与税額の全額と利子税を納付しなければならないことに注意が必要です。

ただし、継続届出書をその提出期限までに提出できなかった場合でも、提出できなかったことについてやむを得ない事情があると認められ、かつ、継続届出書の提出があったときには、その継続届出書が期限内に提出されたものとみなされます。

図表10 税務署へ提出する届出書

贈与税の納税猶予の継続届出書

税務署受付印

※欄は記入しないでください。

令和＿＿年＿＿月＿＿日

＿＿＿＿＿＿税務署長

〒
届出者 住 所＿＿＿＿＿＿＿＿＿＿＿＿＿＿

氏 名＿＿＿＿＿＿＿＿＿＿＿＿＿＿
(電話番号　　　－　　　－　　　)

租税特別措置法第70条の4第1項の規定による贈与税の納税の猶予を引き続いて受けたいので、次に掲げる税額等について確認し、同条第27項の規定により関係書類を添付して届け出ます。

農地等の贈与を受けた年月日		昭和 平成 令和	年　　月　　日
贈与者	住所	氏名	(　　年　　月　　日生)

1　納付すべき贈与税額のうち納税の猶予の適用を受けた贈与税額 ・・・・・・・・・・ ＿＿＿＿＿＿＿＿円

2　1のうちこの届出書の提出までに特例農地等の譲渡等をしたため、
既に納税の猶予が確定し納付した贈与税額 ・・・・・・・・・・・・・・・・・・・・・ ＿＿＿＿＿＿＿＿円

3　1のうち届出日現在において納税の猶予を受けている贈与税額（1－2の金額）・・ ＿＿＿＿＿＿＿＿円

4　納税猶予の適用を受けた農地等については、＿＿年＿＿月＿＿日に 推定相続人／他の推定相続人等 ＿＿＿＿＿＿＿＿に対して

使用貸借による権利の設定をしたが現在もその農地等をその 推定相続人／他の推定相続人等 に引き続き使用させています。

5　この届出書の提出期限の属する年の前3年間の各年における特例農地等に係る農業経営に関する事項の概要は、「別紙1　特例農地等に係る農業経営に関する明細書」のとおりです。（特例農地等のうちに都市営農農地等がある場合、平成7年分以降の贈与税に係る納税猶予の場合又は平成6年分以前の贈与税に係る納税猶予で営農困難時貸付け若しくは特定貸付けを行っている場合）

6　特例農地等に係る営農困難時貸付けに関する事項は、「別紙2　特例農地等に係る営農困難時貸付けに関する明細書」のとおりです。（営農困難時貸付けを行っている場合）

7　特例農地等に係る特定貸付けに関する事項は、「別紙3　特例農地等に係る特定貸付けに関する明細書」のとおりです。（特定貸付けを行っている場合）

※　添付書類

○　農業経営を引き続き行っている旨の農業委員会の証明書（上記の4に該当する場合には、その推定相続人が農業経営を引き続き行っている旨及び届出者が推定相続人の営む農業に従事している旨の証明書）

○　この届出書を提出する前3年間に特例農地等の異動があった場合には、その明細書（特例農地等の異動の明細書）

○　別紙1　特例農地等に係る農業経営に関する明細書（特例農地等のうちに都市営農農地等を有する場合、平成7年分以降の贈与税に係る納税猶予の場合又は平成6年分以前の贈与税に係る納税猶予で営農困難時貸付け若しくは特定貸付けを行っている場合）

○　別紙2　特例農地等に係る営農困難時貸付けに関する明細書（営農困難時貸付けを行っている場合）

○　営農困難時貸付けを行っている特例農地等に係る貸付けを引き続き行っている旨の農業委員会の証明書（営農困難時貸付けを行っている場合）

○　別紙3　特例農地等に係る特定貸付けに関する明細書（特定貸付けを行っている場合）

○　特定貸付けを行っている特例農地等に係る貸付けを引き続き行っている旨の農業委員会の証明書（特定貸付けを行っている場合）

関与税理士		電話番号	

※	通信日付印の年月日	(確　認)	猶予整理簿	検　算	整理簿番号
	年　月　日				

(資12－12－1－A4統一)(令3.3)

図表11 農業委員会発行の証明書

引き続き農業経営を行っている旨の証明書

証　　明　　願

令和　　年　　月　　日

（あて先）

○○農業委員会会長

申請者　住 所

氏 名

（電話番号　　　　　　　　）

私は、租税特別措置法 第70条の4第1項 ~~第70条の6第1項~~ の規定の適用を受ける農地等に係る農業経営を下記の期間引き続き行っていることを証明願います。

記

引き続き農業経営を行っている期間

平成・令和　　年　　月　　日 から 令和　　年　　月　　日まで

申請者は、租税特別措置法 第70条の4第1項 第70条の6第1項 の規定の適用を受ける農地等に係る農業経営を上記の期間引き続き行っていることを証明する。

○○農委第　　　　号

令和　　年　　月　　日

○○農業委員会会長

12 農業者年金を受給するための経営移譲と納税猶予

1 経営移譲と贈与税の納税猶予

POINT

贈与税の納税猶予を受けている者が、農業者年金の支給を受けるため、農業後継者たる推定相続人に対し、特例適用農地等について使用貸借による設定をし、その設定の日から2か月以内に税務署長へ届出書を提出した場合には、納税猶予は引き続き適用されます。

なお、贈与税の納税猶予は、使用貸借による経営移譲に限られるため、所有権の移転及び賃貸借による経営移譲があった場合には、納税猶予は適用できないことになります。

(1) 農業者年金

「農業者年金」とは、農業経営者の若返りを促進するための制度で、昭和45(1970)年に創設された農業者のための公的年金制度です。

従来は賦課方式であった経営移譲年金が、平成14(2002)年以降は積立方式の農業者年金(農業者老齢年金、特例付加年金)となりました。

その「経営移譲年金」(農業者年金基金法の一部を改正する法律附則8条1号)及び「特例付加年金」(独立行政法人農業者年金基金法18条2項)は、いずれも農業者が原則65歳から受け取ることのできる年金ですが、農地など農業経営のすべてを後継者に移譲することがその支給要件の1つとされています。

(2) 経営移譲の方法

農業経営を移譲するわけですが、贈与者が所有する農地もセットで提供しなければなりません。そこで、この経営移譲の方法としては、①農地を後継者へ贈与する方法と、②使用収益権を設定して貸し出す方法があります。

また、使用収益権を設定する方法には、有償による賃貸借と無償による使用貸借があります。

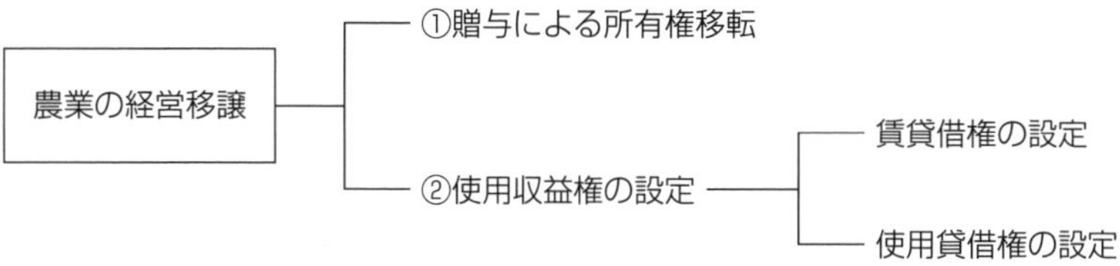

(3) 経営移譲と贈与税の納税猶予

図表12

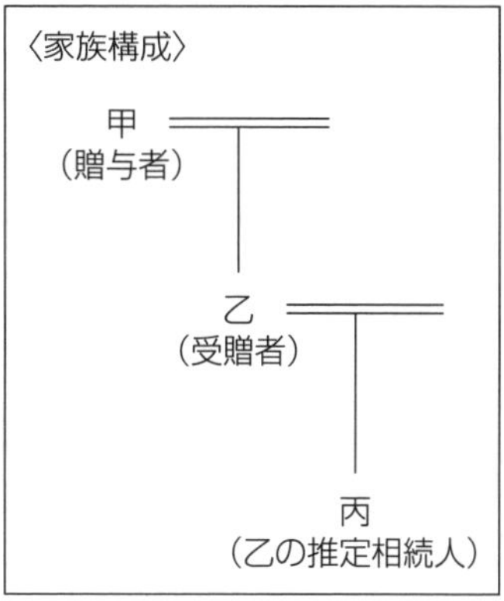

贈与税の納税猶予は、農地等の生前一括贈与を受けた者が、農業経営の廃止、農地等の譲渡、農地についての権利の設定などを行うと打切りとなります。

例えば、図表12 の乙は、甲より農地の生前一括贈与を受けて贈与税を猶予しています。

このとき、乙は、丙に農業経営のすべてを移譲すると、猶予されていた贈与税を納めなければならないことになってしまいます。

そこで、乙が、特例付加年金又は経営移譲年金の支給を受けるため、所有する農地に使用貸借の設定をして、丙に経営移譲を行った場合には、乙は、引き続き贈与税の納税猶予の継続ができることとされています。

ちなみに、経営移譲年金の支給の円滑化を図るため、昭和 53 (1978) 年改正により、昭和 53 (1978) 年 4 月 1 日以後に使用貸借権の設定による経営移譲があった場合には、一定の要件の下に、その設定はなかったものとみなして納税猶予の継続が認められることになりました。

なお、贈与税の納税猶予は、乙から丙への使用貸借による経営移譲に限られるため、所有権の移転及び賃貸借による経営移譲があった場合には、納税猶予は適用できないこととなり、贈与税が課せられます。

2 使用貸借権の設定

POINT

贈与税の納税猶予を継続することを前提に、農業者年金の受給のための使用貸借権の設定は、次の要件を満たすことが必要とされています。

① 受贈者が、推定相続人のうち1人の者に対し使用貸借権の設定をすること

② 受贈者が、農業後継者が営むこととなる農地に引き続き従事すること

③ 受贈者が、特例付加年金の支給を受けるため農業を営む者でなくなったことを証する届出を行っていること

④ 経営移譲を受ける者の年齢が18歳以上であること

⑤ 経営移譲を受ける者が、引き続き3年以上農業に従事していた者であること

⑥ 経営移譲を受ける者は、その後速やかに、その設定を受けた農地等に係る農業経営を行うと認められる者であること

農業者年金の受給のための使用貸借権の設定は、まず受贈者（前頁 図表12の乙）について、次の要件を満たすことが必要とされています。

① 推定相続人のうち1人の者（農業後継者）だけに対し、納税猶予の適用を受けている農地等の全部について使用貸借権の設定をすること

② 農業後継者が営むこととなる農地に、引き続き従事すること

③ 使用貸借権の設定後遅滞なく、特例付加年金の支給を受けるため農業を営む者でなくなったことを証する届出を行っていること

また、経営移譲を受ける者（図表12の丙）については、使用貸借権の設定を受けた日において次のすべての要件に該当していることについて農業委員会の証明が必要となります。

① 年齢が18歳以上であること

② 引き続き3年以上農業に従事していた者であること

③ その後速やかに、その設定を受けた農地等に係る農業経営を行うと認められる者であること

3 経営移譲と相続税の納税猶予

POINT

被相続人が、その生前において所有していた農地等につき死亡の日まで農業を営んでいない場合であっても、それが特例付加年金又は経営移譲年金の支給を受けるために農地に使用貸借権を設定して親族に農業経営の移譲を行ったものであるときは、その被相続人は農業を営んでいた個人に該当するものとして取り扱われます。

(1) 被相続人が経営移譲している場合

相続税の納税猶予を受けるためには、被相続人が、死亡の日まで農業を営んでいたことが要件となります。

ただし、被相続人が、過去に相当の期間農業を営んでおり、かつ、特例付加年金又は経営移譲年金の支給を受けるため、相続開始の日前に、その者の親族に農業経営を移譲していたときは、原則として、死亡の日まで農業を営んでいた個人に当たるものとして相続税の納税猶予の適用を受けることができます。

(2) 農業相続人が経営移譲した場合

贈与税の納税猶予においては、納税猶予を受けている受贈者が、特例付加年金又は経営移譲年金の支給を受けるために特例適用農地等に使用貸借による権利を設定して親族に経営移譲した場合には、一定の要件の下で贈与税の納税猶予の継続が認められています。

しかし、相続税の納税猶予においては、このような特例は設けられていませんので注意が必要です。

例えば、**図表13**の甲の相続により、農業相続人（乙）が相続税の納税猶予の適用を受けているとします。

そこで、乙が、その子（丙）に対して、特例適用農地等に使用貸借による権利を設定して経営を移譲した場合には、農業相続人（乙）は農業を廃止したこととなり、相続税の納税猶予の期限の確定事由となります。

図表13

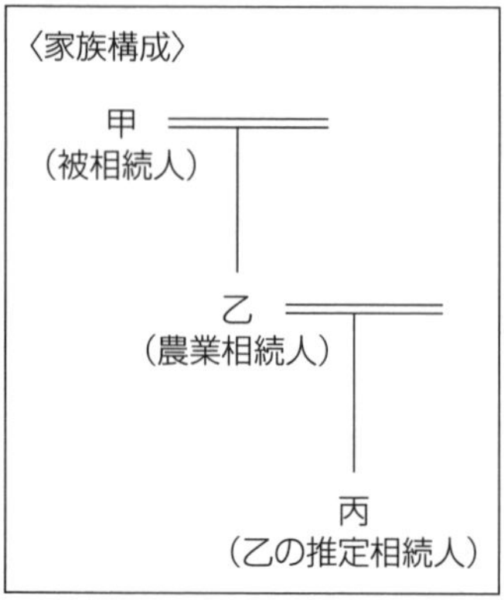

なお、相続税の納税猶予の適用を受けている者（乙）が、特例付加年金又は経営移譲年金の支給を受けようとする場合には、別途、特例適用農地等を推定相続人の１人（丙）に対し生前一括贈与をする方法が認められており、生前一括贈与が行われた場合には、猶予された相続税額は免除となります。

【ケーススタディ】経営移譲年金の受給資格取得のために経営移譲が行われていた場合

Q 父は経営移譲年金の支給を受けるため、生前にその所有農地の全部について使用貸借権を設定して長男に農業経営の移譲を行っていました。

父について相続が開始し、父所有の当該農地については、長男と二男が分割して相続により取得しました。

この場合、両名は相続税の納税猶予の特例の適用を受けることができますか。

A 長男については、取得した農地に自己の使用貸借権が設定されていますが、これは相続によって取得することで消滅することとなりますので、引き続き農業経営を行うなど一定の要件を満たす限り納税猶予の特例の適用が受けられます。

また、二男についても、取得した農地に設定されている長男の使用貸借権を抹消し、農業経営を開始するなど一定の要件を満たす限り納税猶予の特例の適用が受けられます。

第3章　農地の賃貸借と納税猶予

1　農地法の貸借

1　農地の貸借と農地法

POINT

農地を賃貸すると借主に耕作権が発生し、賃料の不払いや耕作放棄などの事由がない限り、契約更新を拒否することができないこととなります。

また、賃貸借の解除には原則として都道府県知事の許可を受ける必要があり、農地所有者から小作人に離作料が発生するケースもあります。

ただし、農業経営基盤強化促進法や特定農地貸付法、都市農地貸借法といった政策的な貸付けにおいては、農地法の許可を受けずに農地の貸借契約が可能となり、賃借期間が終了すれば契約が終了して農地の所有者に権利が戻る制度があります。

(1)　農地法の取扱い

農地所有者が会社員であったり、高齢であったりすると、農地の効用を最大限活かすことが難しいケースがあります。場合によっては耕作放棄地になりかねません。そこで、他の農家や企業に貸して農地を利用してもらうことが考えられます。

しかし、農地については、農地法の制限があり、地目変更や売買が自由にできない上、貸し借りも自由に行うことはできません。

農地を貸し借りする際には、農地所有者と借地人（小作人）が小作契約を結び、小作人は小作料を支払って農地を耕作します。この際に小作人に耕作権という権利が発生します。

耕作権を設定して賃貸借契約を設定する場合には、農業委員会の許可が必要となり、農地台帳に記載がなされます（農地法3条）。許可を受けないでした行為は無効となります。

賃貸借の存続期間は、民法上20年以内とされていますが、農地の賃貸借については民法の特例として50年以内まで可能です（農地法19条）。

なお、耕作権の設定がなされると、賃料の不払いや耕作放棄などの事由がない限り、契約更新を拒否することができないなど小作人に対する権利保護が発生します。

賃貸借の期間満了前に更新しない旨の通知（通知には都道府県知事の許可が

図表1 賃貸借の解約等の制限

耕作権の保護

対抗力の付与（農地法16条）

○ 農地の賃借権については、引渡しをもって対抗力を付与します。（登記の必要はありません）

法定更新（農地法17条）

○ 賃借権について、期間満了前に更新しない旨の通知（通知には都道府県知事の許可が必要）をしないときは、従前と同一条件でさらに賃貸借をしたものとみなします。

例外

農業経営基盤強化促進法に基づく農用地利用集積計画による利用権（法定更新なし）

解約等の制限（農地法18条）

○ 賃貸借の解除・解約又は更新しない旨の通知は、都道府県知事（指定都市の区域内にあっては、指定都市の長）の許可が必要です。

○ 許可は次のような場合に限定しています。
- ・賃借人が信義に反した行為をした場合
- ・農地等を転用することが相当な場合
- ・賃貸人の自作を相当とする場合
- ・その他正当な事由がある場合

例外

- ・更新しない旨の通知が、10年以上の期間の定めのある賃貸借につき行われる場合
- ・合意による解約

（出典）農林水産省ホームページ「賃貸借の解約等の制限」

必要）をしていないときは、従前と同一条件でさらに賃貸借をしたものとみなされ（農地法17条）、農地の賃貸借契約を解除・解約する場合には、原則として都道府県知事（指定都市の区域内にあっては、指定都市の長）の許可を受ける必要があります（農地法18条）。

そして、契約解約の際には、農地所有者から小作人に離作料が発生することとなります（離作料は耕作できなくなったことに対する損失の補償の意味合いが強いですが、離作料についての法律の規定はなく、地域の慣習によって支払いが行われています）。

このように、耕作権が発生すると、小作人の権利保護が強くなり、離作料も発生しますので、農地は第三者に貸し難い状況にあるといえます。

(2) 農地法の例外①（特定農地貸付けと認定都市農地貸付け等）

市街地の農地は、都市住民に地元産の新鮮な野菜などを供給するだけでなく、防災空間や緑地空間など多様な機能をもっています。そのため、都市農家へ農地を貸したり、市民農園として開放することで有効に活用することが考えられます。

しかし、前述のとおり、農地法の下では、農地所有者が農地を賃貸する場合、法定更新や耕作権が発生することにより、貸した農地が戻ってこないのではないかという不安が生じ、貸すことに消極的になってしまうことがあります。

そこで、農地法の例外（農地法の許可を受けずに農地の貸借契約が可能となり、賃借期間が終了すれば農地の所有者に返還される）を定めた、特定農地貸付法及び都市農地貸借法が制定され、市街化区域内の農地の貸借が安心して行える新たな仕組みができました。

(3) 農地法の例外②（農業経営基盤強化促進法）

また、市街化区域外のように大規模な農業が行える地域においては、農業経営の規模拡大や経営管理の合理化を進めるため、農地法の例外として農業経営基盤強化促進法が制定されています。農業経営基盤強化促進法においても、農地法の許可を受けずに農地の貸借契約が可能となり、賃借期間が終了すれば自動的に契約が終了し農地の所有者に権利が戻るため、所有者は安心して貸し借りをすることができます。

(4) 農地の貸借と納税猶予

相続税（贈与税）の納税猶予は、農地の所有者が自ら農業経営を行うことが条件とされているため、農地所有者が他の農家へ農地を賃貸したり、市民農園を開設して農地を賃貸した場合には、原則として相続税（贈与税）の納税猶予制度の適用は受けられないこととなります。

ただし、生産緑地の農地においては、平成30（2018）年に都市農地貸借法に基づいて賃貸されている場合において、納税猶予を受けながら一定の都市農家へ賃貸したり、市民農園を開設することができるようになりました。

また、市街化区域外の農地においては、平成21（2009）年に農業経営基盤強化促進法に基づいて賃貸されている場合において、納税猶予を受けながら他の農家へ農地を賃貸することができるようになりました。

2 被相続人による農地の賃貸

POINT

農業相続人が納税猶予を受けるためには、被相続人が死亡の日まで自ら農業を行っていることが原則となりますが、以下のような一定の貸付けをしていた場合も適用が可能となります。

① 市街化区域外の農地を農業経営基盤強化促進法等に基づく事業により貸し付けていた場合（特定貸付け）

② 生産緑地地区内の農地において、都市農地の貸借の円滑化に関する法律に基づき貸し付けていた場合（認定都市農地貸付け等）

③ 精神障害又は身体障害などにより営農が困難となり、他の農業者に貸付けを行っていた場合（営農困難時貸付け）

かつては、農地等の納税猶予は、原則として、被相続人が自ら農業を行っていた農地等でなければ特例の適用を受けることができませんでした。

例外として、市街化区域外において、農業経営基盤強化促進法等に基づく貸付け（特定貸付け）や、被相続人が身体障害等により営農継続が困難となっていたことによる貸付け（営農困難時貸付け）には特例の継続が認められていました。

近年の税制改正により、被相続人が自ら農業の用に供していなかったとしても、第三者に対して、生産緑地を「都市農地の貸借の円滑化に関する法律」に基づき貸し付けた場合（認定都市農地貸付け又は農園用地貸付け）にも特例の適用を受けることができるようになりました。

3 農業相続人による農地の賃貸

POINT

納税猶予を受けた農業相続人は、自ら農業を続けることが原則となりますが、以下のような一定の貸付けを行った場合には納税猶予を継続することができます。

① 市街化区域外の農地を農業経営基盤強化促進法等に基づく事業により貸し付けた場合（特定貸付け）

② 生産緑地地区内の農地において、都市農地の貸借の円滑化に関する法律に基づき貸し付けた場合（認定都市農地貸付け等）

③ 精神障害又は身体障害などにより営農が困難となり、他の農業者に貸付けを行った場合（営農困難時貸付け）

相続税（贈与税）の納税猶予の適用を受けている農業相続人（受贈者）は、自ら農業を行わなければ、原則として、納税猶予は打切りとなります。

その貸付農地の面積が特例適用農地の面積の20％を超えた場合は猶予税額のすべて、20％以下の場合はその該当することとなった特例適用農地等の価額に対応する部分の税額を納税しなければなりません。

例外として、市街化区域外において、農業経営基盤強化促進法等に基づく事業により貸し付けた場合（特定貸付け）や、農業相続人（受贈者）が身体障害等により営農継続が困難となったことによる貸付け（営農困難時貸付け）には特例の継続が認められていました。

近年の税制改正により、相続税（贈与税）の納税猶予の適用を受けている農業相続人（受贈者）が、第三者に対して、生産緑地を「都市農地の貸借の円滑化に関する法律」に基づき貸し付けた場合（認定都市農地貸付け又は農園用地貸付け）にも特例を継続することができるようになりました。

4　用語の定義

POINT

「特定貸付け」は、市街化区域外の農業経営基盤強化促進法に基づく貸付けをいいます。

一方、市街化区域内の農地を市民農園として貸し付ける際、特定農地貸付法に基づくものを「特定農地貸付け」、都市農地貸借法に基づくものを「特定都市農地貸付け」といいます。

また、特定農地貸付けと特定都市農地貸付けのうち、生産緑地における貸付けを「農園用地貸付け」といいます。

同じく市街化区域の生産緑地において、都市農地貸借法に基づき都市農業者へ賃貸するものを「認定都市農地貸付け」といいます。

市街化区域外に所在する農地又は採草放牧地において、農業経営基盤強化促進法等に基づいて企業などに農地を貸付けることを「特定貸付け」といいます。

また、市街化区域内に所在する生産緑地において、「都市農地の貸借の円滑化に関する法律」（以下、「都市農地貸借法」といいます）に基づいて一定の都市農業者へ貸し付けることを「認定都市農地貸付け」といいます。

次に、所有する農地を市民農園として賃貸するケースですが、農地の貸付けに当たって農地法の許可を不要とする「特定農地貸付けに関する農地法等の特例に関する法律」（以下「特定農地貸付法」といいます）に基づき、以下①～③として農地を貸し付けるものを「特定農地貸付け」といいます（従来、納税猶予を適用している農業相続人が特定農地貸付けを行うと、納税猶予は打切りとなっていましたが、平成30年税制改正において、生産緑地内の貸付農地においては引き続き納税猶予の適用が継続できることとなりました)。

① 農地所有者が開設する場合（140頁）

② 地方公共団体又は農業協同組合が開設する場合（141頁）

③ 地方公共団体又は農地中間管理機構を介在して①及び②以外の者が開設する場合（142頁）

なお、特定農地貸付けの下では、③にあるとおり、農地の所有者が直接地方公共団体及び農業協同組合以外の者（例えば企業やNPO法人）に賃貸することができませんでした。それが、平成30（2018）年に施行された「都市農地の貸借の円滑化に関する法律（都市農地貸借法）においては、生産緑地（都市農地）に限りますが、地方公共団体及び農協以外の者へ直接農地を賃貸することができるようになりました。これを「特定都市農地貸付け」といいます（「都市農地の貸借の円滑化に関する法律（都市農地貸借法）」は、「農園用地貸付け」と「認定都市農地貸付け」の2本立てとなります)。

この特定都市農地貸付けと、①の農地所有者が自ら農園利用者へ貸し付けるもののうち生産緑地、②の地方公共団体及び農協へ貸し付けるもののうち生産緑地の3つをあわせて「農園用地貸付け」といいます。

ついては、次から、市街地農地の政策的な貸付けとして活用が期待されている市民農園、次に、市街地農地の都市農家への貸付け、最後に市街化区域外における大規模農家への貸付けについての取扱いを確認していきます。

図表2 農園用地貸付けと認定都市農地貸付け

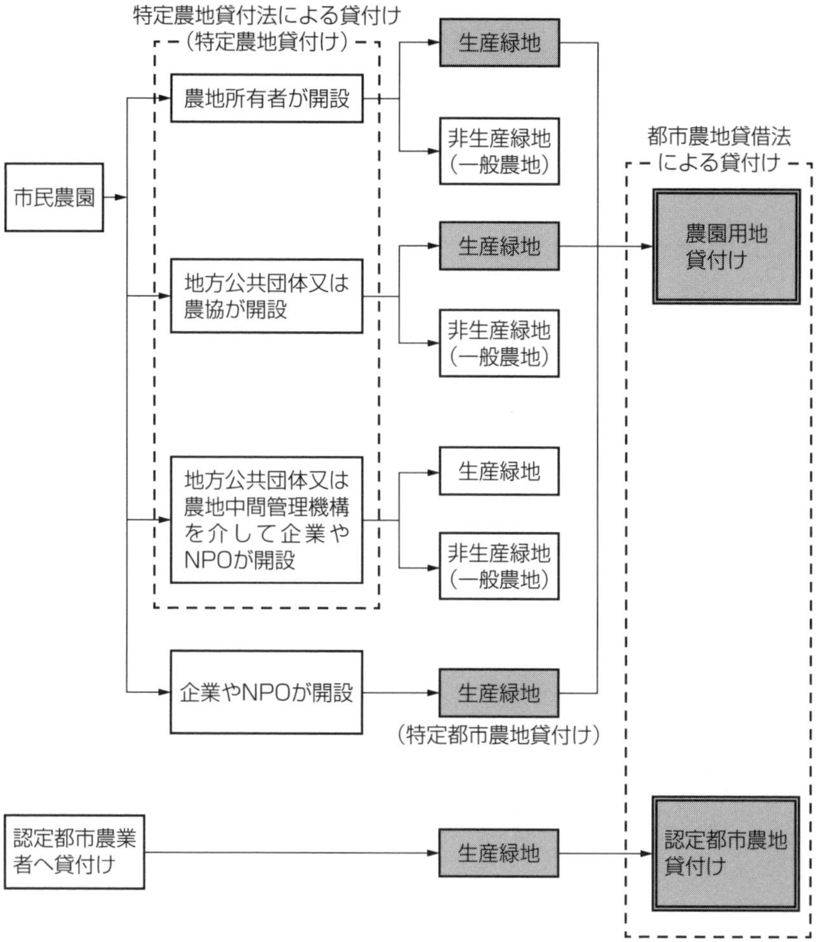

2 市民農園として農地を貸す

1 市民農園とは

POINT

市民農園とは、多様な目的で小面積の農地を利用して野菜や花を育てるための農園のことをいいます。

農園利用方式と貸付方式がありますが、前者は、農地の賃貸は行わず、園主の指導の下で利用者が農作業を行うものであり、後者は、利用者に農地（土地）を貸し出すものとなります。

(1) 市民農園とは

市民農園とは、都市の住民がレクリエーションとしての自家用野菜・花の栽培、高齢者の生きがいづくり、生徒・児童の体験学習などの多様な目的で、農家でない者が小面積の農地を利用して自家用の野菜や花を育てるための農園のことをいいます。市民農園と呼ばれるほか、レジャー農園、ふれあい農園などいろいろな愛称で呼ばれています。

近年では、こうした小面積の農地を利用したい者が増えていることから、地方公共団体、農業協同組合、一般企業などが市民農園を開設できるようになっています。

また、貸付方式について、法制度の面から分類すると①特定農地貸付けに関する農地法等の特例に関する法律（特定農地貸付法）によるものと、②都市農地の貸借の円滑化に関する法律（都市農地貸借法）によるものに分けられます。

所有している農地を市民農園とする場合、誰が開設者となるかにより、いくつかの形態があります。

(2) 市民農園に関する法律

市民農園は、大まかには「農園利用方式」と「貸付方式」に分けられます。

農園利用方式とは、農園の利用者に農地を貸すのではなく、園主の指導の下で利用者が農作業を行うものであり、農地法の適用はなされません。

一方、貸付方式とは、利用者に農地（土地）を貸し出すものをいいますが、農地については、農地法の制限があり、市民農園も例外ではありません。

そこで、平成元（1989）年、市民農園を地方公共団体及び農業協同組合が開設する場合に、区画分けされた小面積の農地を短期間貸し付ける場合の農地法の適用除外を定めた、「特定農地貸付けに関する農地法等の特例に関する法律（特定農地貸付法）」が制定されました。

その後、平成 17（2005）年には特定農地貸付法が改正され、地方公共団体又は農地中間管理機構を介在させることにより、地方公共団体及び農業協同組合以外の者による市民農園の開設が可能となりました。

平成 30（2018）年には、都市農地貸借法が制定され、都市農地（生産緑地）においては、地方公共団体又は農地中間管理機構を介在させなくても、地方公共団体及び農業協同組合以外の者による市民農園の開設が可能となりました。

(3) 市民農園整備促進法

市民農園において、農機具庫やトイレ、駐車場、休憩施設等の施設（市民農園施設）があると利用者にとっては利便性の高いものとなります。ここでいう市民農園施設とは、農園に附帯して設置される農地の保全又は利用上必要な施設（例えば、農機具収納施設やトイレ、手洗場、水飲場、駐車場、園路、掲示板、柵、照明施設、管理事務所、休憩施設、農作業講習施設、簡易宿泊施設など）をいいます。

ただし、農地にそれらの市民農園施設を設置する場合、農地法の転用許可が必要となります。ちなみに、農地を農地以外のものにする場合は、都道府県知事等の許可を受けなければなりません（農地法 4 条）。なお、農地法においても、耕作の事業を行う者が耕作の事業に供する農地の保全もしくは利用の増進のため又はその農地（2 アール未満のものに限ります）をその者の農作物の育成もしくは養畜の事業のための農業用施設に供する場合には許可は不要とされています（農地法施行規則29条1項)。

そこで、農機具庫や休憩所等の附帯施設を備えた市民農園の整備を促進するため、平成2（1990）年に「市民農園整備促進法」が制定されています。

市民農園整備促進法に基づいて、市民農園を開設しようとする者は、整備運営計画を作成し、市町村から認定を受けると、農地に市民農園施設の整備に必要な農地法の転用手続きが不要となります。

2 市民農園の開設

(1) 市民農園の開設手順

市民農園を開設する場合には、開設場所の選定、農地の確保などいくつかのポイントがありますが、一般的な流れとしては図表3のようになります。

なお、実際に市民農園の開設を進める場合には、例えば開設場所の選定と農地所有者との交渉、市民農園の設計などを同時に進めなければならないこともあります。

(2) 開設手続上の留意点

市民農園の開設を進めるに当たっては、以下のようないくつかの留意点があります。

① 開設場所の選定に当たっては、周辺農用地の農業上の利用増進に支障を及ぼさないこと

② 道路の整備状況等からみて、利用者が容易に到達できる場所を選定すること

③ 一区画当たりの面積については、利用者のニーズ等を考慮し、利用しやすい面積とすること（例えば、初心者用として管理しやすい面積を別に設ける、いくつかの面積を設置し利用者が選択できるようにするなど）

④ 農園施設を整備する場合は、施設の機能に応じて利用者が利用しやすいよう配置すること

図表3 市民農園開設の流れ

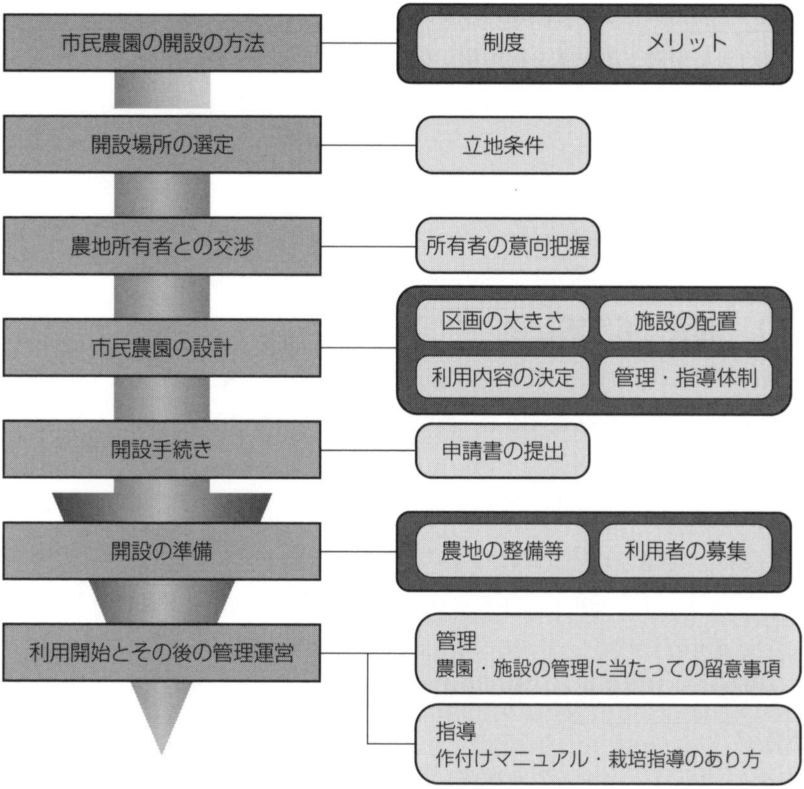

（出典）農林水産省ホームページ「市民農園をはじめよう！！（令和2年7月）」

⑤　利用料金については、土地条件、施設の規模等により異なるかと思いますが、農園の円滑かつ有効な利用を考え、著しく高額とならないこと

⑥　開設した際の支援に当たっては、利用者の農作業についての知識、経験もまちまちであることから、利用者が利用しやすい方法で栽培の指導、栽培マニュアル等の配布等を行うこと

⑦　利用方法の制限に当たっては、利用者がレクリエーション等として農園を利用するもので、できるだけ利用しやすい方法で利用してもらうことを原則とし、制限は必要最小限とすること

例えば、禁止行為として次のようなことが考えられます。

（ｉ） 建物及び工作物などの設置は認めないこと
（ii） 利用者とその家族以外の人に利用させないこと
（iii） 利用者が農作業を行わなくなった場合は利用をやめてもらうこと

こうした手続きの詳細については、市町村又は農業委員会に確認する必要があります。

3 農園利用方式とは

(1) 農園利用方式とは

農園利用方式は、市民に農業体験をしてもらうことで入園料を受け取る方法です。

農業を営む農地所有者（園主、農園開設者）の指導の下で、利用者が継続的に農作業の一部を行うためその市民農園に入場するといった方式、いわゆる「農業体験農園」です。

つまり、農地の賃貸借を行うものではなく、農地所有者と利用者との間で「農園利用契約」を締結し、農業者の指導・管理の下に利用者が農作業を体験するというものです。

利用者への農地の権利の設定を伴わないため、農地法の手続きは必要ありません。

なお、継続して行われる農作業となるため、年に複数の段階の農作業（植付けと収穫等）を行うことをいうものであって、果実等の収穫のみを行う「もぎとり園」のようなものは、これに当たりません。

(2) 農園利用方式と納税猶予

農園利用方式の市民農園においては、あくまでも農地所有者が農業経営している状態であり、農地の権利の設定・移転を伴わないため、相続税（贈与税）の納税猶予の適用を受けることができます。

【ケーススタディ】レジャー農園の用に供されている農地

Q 贈与時（相続開始時）においてレジャー農園の用に供されている農地

であっても、贈与（相続税）の納税猶予の特例の対象となる農地に該当しますか。

A 贈与時（相続開始時）においてレジャー農園の用に供されている農地であっても、その農地の所有者が、その農地に係る農業経営を自ら行い、利用者はその農地に係る農作業の一部を行うためにその農園に入園するに過ぎない場合には、農作業の一部のみを請け負わせている農地と同様、贈与税（相続税）の納税猶予の特例の対象となる農地に該当します。

（出典）国税庁質疑応答事例「レジャー農園の用に供されている農地」

4 特定農地貸付けとは

POINT

特定農地貸付けとは、農地の所有者が、農地を市民農園とする上で、下記のいずれかの方法をとっているものをいいます。

① 所有者自ら利用者へ貸し出す方法

② 地方公共団体及び農業協同組合が開設者となる方法

③ 地方公共団体又は農地中間管理機構を介在して①及び②以外の者が開設者となる方法

この方法は、原則として納税猶予の適用をすることができませんが、平成30年度税制改正により、特定農地貸付けの一部は生産緑地であれば、納税猶予の適用が可能となりました。

（1） 特定農地貸付けとは

前述の農園利用方式は、あくまでも農地所有者が農業経営している状態であるため、農地法などの規制は受けませんが、園主には農業指導や管理をすることが求められるため作業負担は大きいといえます。

そこで、地方公共団体や農業協同組合（JA）が農園の実施主体（以下「開設者」ともいいます）となって間に入り、利用者へ農地を貸し出すというのが「特定農地貸付け」です（30 m^2 程の区画を年会費 2～4 万円程の料金で貸し出すケースが多く、栽培指導や種苗、農機具貸し出しを料金に含めることもあります）。

特定農地貸付けは、「特定農地貸付けに関する農地法等の特例に関する法律」に基づき、市民農園の開設に伴う農地の賃貸借について、農地法の許可を不要とする農地法の特例的な貸付けとなります。農地所有者と農地の借手である地方公共団体等との間で行われる賃貸借及びその地方公共団体等と市民農園の借手である住民との間で行われる賃貸借については、農地法に定める賃貸借の解約制限（農地法 18）の適用はないものとされています。

(2) 特定農地貸付けの要件

特定農地貸付けには次の①～④に定める要件があります。

① 各利用者に貸し付ける面積が 10 a（1,000 m^2）未満であること

② 市民農園の利用者が複数人であること

③ 利用者への貸付期間が 5 年以内であること

④ 利用者が営利目的でないこと

(3) 特定農地貸付けの形態

特定農地貸付けは、誰が農園を開設するのかにより、いくつかの形態があります。

① 農地所有者が開設する場合

農地所有者が直接利用者へ農園を貸し付ける方法です。

農園の開設者は、適正な農地利用を確保する方法等を定めた貸付協定を市町村との間で締結し、加えて、利用者の募集や選考の方法、貸付期間、農地の適切な利用を確保するための方法等を記載した貸付規程を作成し、農業委員会の承認を受ける必要があります。

図表4 所有農地で開設する者（農家等）

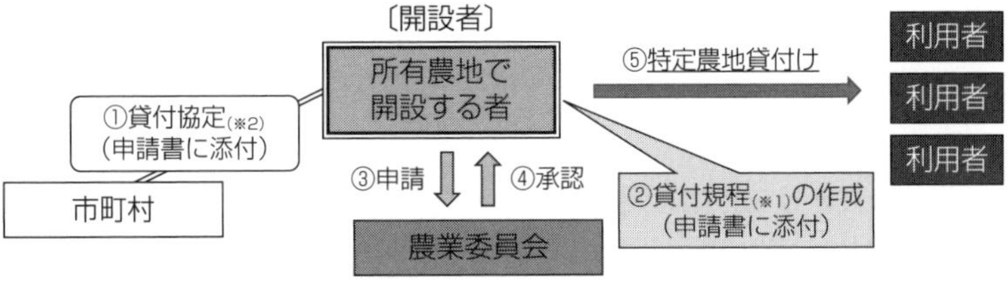

（※1）貸付規程：特定貸付けに係る農地の所在のほか、利用者の募集や選考の方法、貸付けの期間、農地の適切な利用を確保するための方法等について記載

（※2）貸付協定：承認の取消し等による廃園後の農地の適切な利用を確保するための方法、農地の管理方法等を内容とする協定を締結

（出典）農林水産省ホームページ「市民農園をはじめよう！！（令和2年7月）」

②　地方公共団体及び農業協同組合が開設する場合

農地所有者が地方公共団体及び農業協同組合へ農地を貸付け、その地方公共団体及び農業協同組合が利用者へ農園を貸し付ける方法です。

農園の開設者（地方公共団体及び農業協同組合）は、利用者の募集や選考の方法、貸付期間、農地の適切な利用を確保するための方法等を記載した貸付規程を作成し、農業委員会の承認を受ける必要があります。

また、特定農地貸付けを行うためには、市民農園の開設者が農業委員会に申請して、その承認を受ける必要があります。なお、以下の場合などには農業委員会の承認を受けることができません。

図表5 地方公共団体及び農業協同組合

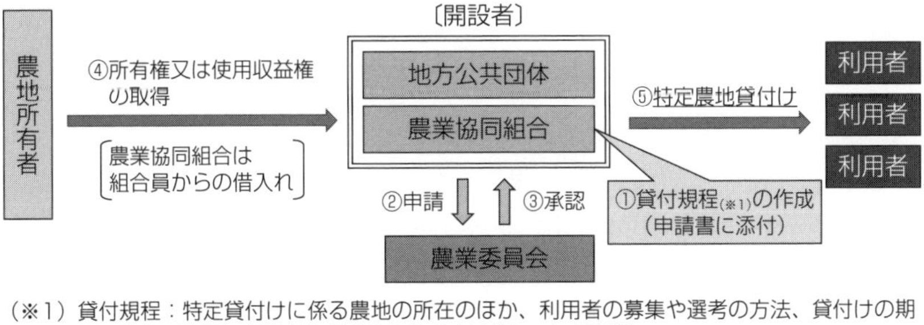

（※1）貸付規程：特定貸付けに係る農地の所在のほか、利用者の募集や選考の方法、貸付けの期間、農地の適切な利用を確保するための方法等について記載

（出典）農林水産省ホームページ「市民農園をはじめよう！！（令和2年7月）」

・　まとまった農地があるような地域で、市民農園の位置が農業者による農地の利用を分断する場合

・　利用者の募集及び選考の方法が公平かつ適正でなく、特定の者のみに利用が集中するような場合

・　貸付条件が違法不当な場合

・　賃借権等の所有権以外の権利を既に有している農地で開設する場合

など

③　①及び②以外の者が開設する場合

地方公共団体及び農業協同組合以外の者（例えば企業やNPO）が、農地を借りて農園を開設する方法です。

この場合、農園の開設者は、農地所有者から直接農地を借りることはできません。地方公共団体又は農地中間管理機構を介在して借りることになります。

農園の開設者は、市町村や地方公共団体等との三者間で、適正な農地利用を確保する方法等を定めた貸付協定を締結し、加えて、利用者の募集や選考の方法、貸付期間、農地の適切な利用を確保するための方法等を記載した貸付規程を作成し、農業委員会の承認を受ける必要があります。

図表6 農地を借りて開設する者（地方公共団体及び農業協同組合を除く）

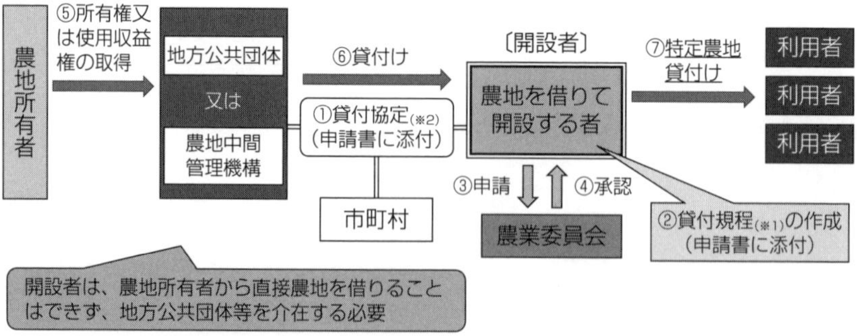

（※1）貸付規程：特定貸付けに係る農地の所在のほか、利用者の募集や選考の方法、貸付けの期間、農地の適切な利用を確保するための方法等について記載

（※2）貸付協定：承認の取消し等による廃園後の農地の適切な利用を確保するための方法、農地の管理方法等を内容とする協定を締結

（出典）農林水産省ホームページ「市民農園をはじめよう！！（令和2年7月）」

(4)　特定農地貸付けと納税猶予

納税猶予制度は、土地所有者が自ら農業経営を行うことが前提とされているため、市民農園として農地を貸し付けた場合、原則として相続税（贈与税）の納税猶予制度の適用は受けることができません。

既に納税猶予の適用を受けている農地で特定農地貸付けを行った場合には、納税猶予は打切りとなり、猶予されていた相続税（贈与税）に利子を付加して納税しなければなりません。

ただし、平成30年度税制改正において、**(3)** の①又は②のうち、生産緑地の農地においては、納税猶予の適用を受けながら市民農園を開設することができるようになりました。

【ケーススタディ】市民菜園として貸し付けている農地

Q　甲は、所有する農地の一部をＡ市の条例による市民菜園として貸し付けています。この農地について贈与税（相続税）の納税猶予の特例の適用を受けることができますか。

なお、この貸付関係を図示すると次のようになります。

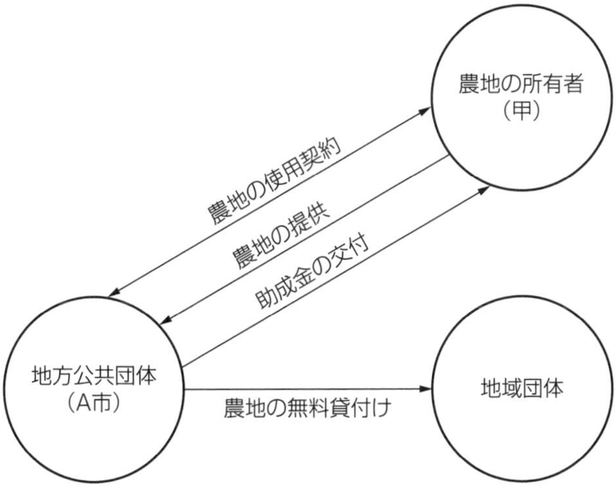

A 市民菜園としてA市に貸し付けられている農地は、甲の農業の用に供されていた農地に該当しないので、その農地等について贈与税（相続税）の納税猶予の特例の適用を受けることができません。
（出典）国税庁質疑応答事例「市民菜園として貸し付けている農地」

5 特定都市農地貸付け及び農園用地貸付けとは

POINT

生産緑地における市民農園で、農地の所有者が一般企業やNPO法人に直接賃貸するものを特定都市農地貸付けといいます。

また、その特定都市農地貸付けと、農地所有者自身が開設する生産緑地、地方公共団体及び農業協同組合が開設する生産緑地をあわせて農園用地貸付けといいます。

（1） 特定都市農地貸付け

もともと、特定農地貸付法に基づく市民農園の貸付け（特定農地貸付け）には、下記の3つの方法をとるものがありました。

① 農地所有者が開設する方法（140頁）

② 地方公共団体及び農業協同組合が開設する方法（141頁）

③ 地方公共団体又は農地中間管理機構を介在して①及び②以外の者が開設する方法（142頁）

このうち③については、例えば一般企業やNPO法人は、地方公共団体又は農地中間管理機構を介在して借りることになっていました。

それが、平成30年に新設された都市農地貸借法において、生産緑地に限りますが、直接地方公共団体及び農業協同組合以外の者へ賃貸することができるようになりました（図表7）。これを特定都市農地貸付けといいます。

この特定都市農地貸付けを行う者は、農園開設者と市町村、地方公共団体等との三者間で、適正な農地利用を確保する方法等を定めた貸付協定を締結し、加えて、利用者の募集や選考の方法、貸付期間、農地の適切な利用を確保するための方法等を記載した貸付規程を作成し、農業委員会の承認を受ける必要があります。

図表7 特定都市農地貸付けのしくみ

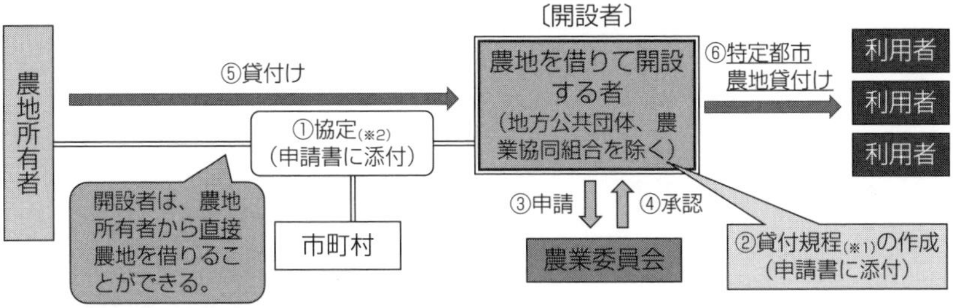

(※1) 貸付規程：特定貸付けに係る農地の所在のほか、利用者の募集や選考の方法、貸付けの期間、農地の適切な利用を確保するための方法等について記載

(※2) 協定：貸付協定の内容に加えて、開設者が都市農地を適切に利用していないと認められる場合に市区町村が協定を廃止する旨を内容とする協定を締結

(出典) 農林水産省ホームページ「市民農園をはじめよう！！(令和2年7月)」

なお、特定農地貸付け**4 (3)** ③との相違点は、**図表8** のとおり、地方公共団体又は農地中間管理機構を介在しなくても、一般企業に農地を貸すことができるという点です。

図表8 特定農地貸付法（特定農地貸付け）との対比

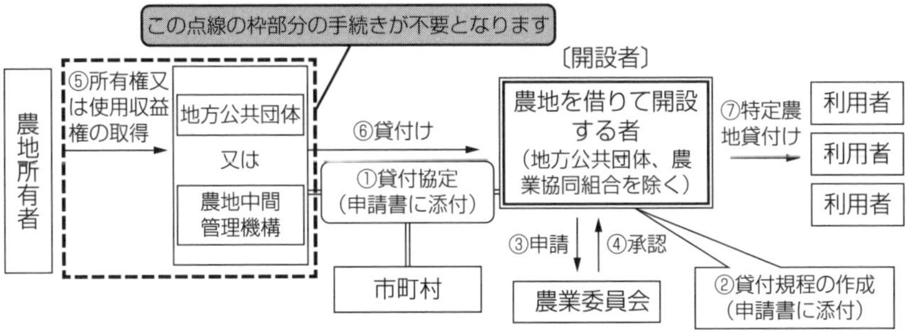

(出典) 農林水産省ホームページ「市民農園をはじめよう！！(令和2年7月)」

(2) 要件

基本的な仕組みは、特定農地貸付法と同様、次の①〜④に定める要件があります。

① 各利用者に貸し付ける面積が10アール（1,000 m^2）未満であること

② 市民農園の利用者が複数人であること

③ 利用者への貸付期間が5年以内であること

④ 利用者が営利目的でないこと

(3) 農園用地貸付け

そして、もともとあった特定農地貸付けのうち、①農地所有者が開設する方法と、②地方公共団体及び農業協同組合が開設する方法の中で、生産緑地であるものと特定都市農地貸付けをあわせて「農園用地貸付け」といいます。

図表9 農園用地貸付け

- （都市農地貸借法による）特定都市農地貸付け
- （特定農地貸付法による）自ら所有する農地で行う特定農地貸付けのうち生産緑地
- （特定農地貸付法による）地方公共団体又は農協が開設者となる特定農地貸付けのうち生産緑地

そしてここでも、次の①〜③のように農地法の特例が適用されます。

① 農園用地貸付け及びそのための農地の権利の取得については、農地法3条の許可の規定の適用を除外

② 農園用地貸付けの用に供するために設定を受けている農地の賃貸借は、農地法17条の法定更新や同法18条の賃貸借の解約の制限等の適用を除外

③ 農園用地貸付けの承認を受けた者を、その農地について権原に基づき耕作の業務を営む者とみなし、土地改良事業への参加資格を付与

3 都市農業者へ農地を貸す

1 認定都市農地貸付けとは

POINT

平成30年に創設された、認定都市農地貸付けとは、農地法の法定更新が適用されることなく、意欲ある都市農業者へ、都市農地（生産緑地）を賃貸することができる制度です。相続税（贈与税）の納税猶予の適用も可能となります。

農業従事者の減少や高齢化が進む中、都市農地の所有者が自ら農地を有効に活用することが困難となるケースがあります。そのような状況において、都市農地の有効な活用を図っていくためには、意欲ある都市農業者が都市農地を借りて活用することが重要となります。

しかし、前述のとおり、農地法における農地の貸借では、賃貸借契約の更新について、賃料の不払いや耕作放棄などの事由がない限り契約更新を拒否することができず、また、都道府県知事の許可がない限り農地は返ってこないなど、小作人の権利保護が強くなり、農地を第三者に貸し難い状況にありました。

図表10 制度を利用するメリット

	通常（農地法による貸借）	都市農地貸借法
・**法定更新** （農地法による契約の自動的更新制度）	**適用される** 契約を更新しないことについて知事の許可がない限り農地が返ってこない。	**適用されない** 契約期間経過後に農地が返ってくるので安心して農地を貸せる。
・**相続税納税猶予制度**	**打切り** 納税猶予が打ち切られ、猶予税額と利子税の納税が必要。	**継続** 相続税納税猶予を受けたままで農地を貸すことができる。

そこで、平成30年9月1日の都市農地貸借法の制定により、市街化区域における生産緑地については、あらかじめ定められた契約期間経過後に農地が返ってくるため安心して農地を貸すことができるという新たな仕組みができました。

2　認定都市農地貸付けの手続き

POINT

借手である都市農業者が事業計画を作成の上、農業委員会の決定を経て市区町村の認定を受けることが必要となります。

貸借期間の終了時には、農地の返還がされますが、貸借期間を延長する契約内容の変更の認定手続を行うか、農地の返還後に賃借権等を再設定することで、再度同一条件で農地を借りることもできます。

(1)　貸借の手続き

認定都市農地貸付けでは、都市農地を自らの耕作の事業の用に供する都市農業者へ賃貸することが可能となります。

都市農地貸借法の適用を受ける場合には、借手である都市農業者が事業計画を作成の上、農業委員会の決定を経て市区町村の認定を受けることが必要となります。

この認定を受けた事業計画に従って賃借権等が設定される場合には、農地法の許可（農地法3条1号）を受ける必要がなく、また、農地法の法定更新（農地法17）が適用されないこととなります。

図表 11 認定のスキーム図

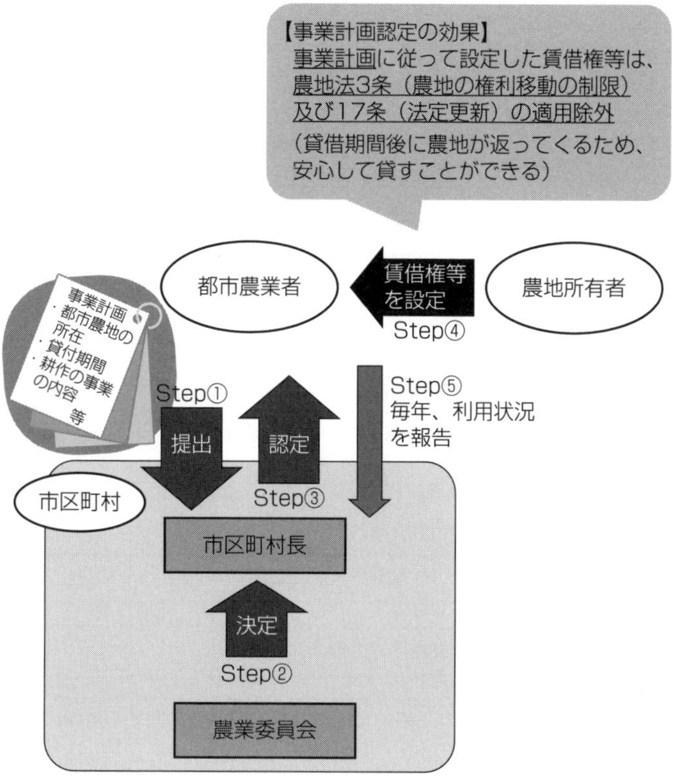

（出典）農林水産省ホームページ「都市農地の貸借の円滑化に関する法律の概要（令和元年11月）」

(2)　事業計画認定の基準

事業計画が認定されるためには、申請者の属性に応じ、**図表 12** 中の①〜⑥にある○が付いた要件の全てに該当する必要があります。

例えば、生産物の一定割合を地元直売所等で販売する、防災協力農地として市区町村等と防災協力協定を締結する、都市住民が農作業体験を通じて農作業に親しむ取組みなど、農業の機能の発揮に特に資する基準に適合する方法により都市農地において耕作を行うこと、周辺地域における農地の農業上の利用の確保に支障を生ずる恐れがないこと、農地のすべてを効率的に利用していることなどが基準となります。

図表12 事業計画認定の要件

申請者の属性に応じ、○が付いた要件すべてに該当する必要がある。

	事業計画の認定の要件	農協・地公体	農業者	企業等	
①	都市農業の有する機能の発揮に特に資する基準に適合する方法により都市農地において耕作の事業を行う 例 ☞生産物の一定割合を地元直売所等で販売 ☞都市住民が農作業体験を通じて農作業に親しむ取組み ☞防災協力農地として協定を締結　など	○	○	○	本法独自の要件
②	周辺地域における農地の農業上の効率的かつ総合的な利用の確保に支障を生ずるおそれがないか		○	○	農地法と同等の要件
③	耕作の事業の用に供すべき農地のすべてを効率的に利用するか		○	○	
④	申請者が事業計画どおりに耕作していない場合の解除条件が書面による契約で付されているか			○	
⑤	地域の他の農業者との適切な役割分担の下に継続的かつ安定的に農業経営を行うか			○	
⑥	法人の場合は、業務執行役員等のうち1人以上が耕作の事業に常時従事するか			○	

（出典）農林水産省ホームページ「都市農地の貸借の円滑化に関する法律の概要（令和元年11月）」

（3）事業計画の変更

都市農業者（借手）は、認定を受けた事業計画を変更しようとするときは、再度、市区町村長の認定を受けなければなりません。ただし、軽微な変更の場合は、遅滞なく市区町村長にその旨を届け出れば足ります。

市区町村長は、変更の認定の申請があった事業計画が、事業計画の認定要件を満たす場合には、農業委員会の決定を経て認定を行います。

○認定が必要な変更
- 賃借権等の設定を受ける都市農地の変更
- 認定都市農地の地目又は面積の変更（面積の変更は、認定都市農地の面積に占める当該変更に係る面積が5分の1を超えるものに限る）
- 設定を受ける賃借権等の種類の変更
- 設定を受ける賃借権等の始期及び存続期間の変更
- 耕作の事業の内容の変更

など

○届出で足りる変更
- 婚姻等による氏名（名字）の変更
- 市町村合併等による申請者の住所や都市農地の所在の変更
- 法人の代表者の変更
- 相続による借受者・所有者の変更

など

（出典）農林水産省ホームページ「都市農地の貸借の円滑化に関する法律の概要（令和元年11月）」

(4) 貸借期間の満了

貸借期間終了時に、再度同一条件で農地を借りる場合は、①貸借期間を延長する契約内容の変更の認定手続きを行うか、②農地の返還後に賃借権等を再設定し、新規で再度契約を締結後、新たに事業計画認定の手続きを行います。

(5) 事業計画の認定の取消し

事業計画の認定を受けた事業者（認定事業者）が、事業計画に従って耕作の事業を行っていない場合、市区町村長は、必要な措置を講ずべきことを勧告することができます。

市区町村長は、認定事業者に対し耕作の事業の実施状況の報告を求めたり、職員に立入検査をさせることができ、認定事業者が勧告に従わない場合には、農業委員会の決定を経て事業計画の認定を取り消すことができます。

市区町村（農業委員会を含みます）は、事業計画の認定を取り消した場合や、解除条件付き契約に基づき賃貸借等の契約が解除された場合、その都市農地の所有者に対し、賃借権等の設定についてあっせんその他の必要な援助を行います。

3 認定都市農地又は農園用地貸付けと納税猶予

POINT

農地の納税猶予を受けている生産緑地においては、認定都市農地貸付けや農園用地貸付けを行った場合であっても、相続税（贈与税）の納税猶予が継続できます。

（1） 都市農地貸借法と納税猶予

平成30年に新設された都市農地貸借法は、①一定の都市農業者への貸付け（認定都市農地貸付け）と、②市民農園の用に供するための貸付け（農園用地貸付け）の2本柱となり、これらの農地においては農地法の法定更新を適用しないこととされ、都市農地（生産緑地）の有効活用が期待されています。

しかし、農地の所有者が都市農地において相続税の納税猶予を受けている場合、農地を貸し付けると納税猶予が打ち切られることになってしまいます。

そこで、平成30年度税制改正において、農地の相続税の納税猶予を受けている生産緑地において、①一定の都市農業者への貸付け（認定都市農地貸付け）や、②一定の市民農園の用に供するための貸付け（農園用地貸付け）を行った

図表13 市民農園における制度のメリット

	通常（特定農地貸付法）	都市農地貸借法（特定都市農地貸付け）
・農地の借り方	**農地所有者から直接借りることができない** 地方公共団体・農地利用集積円滑化団体・農地中間管理機構の介在が必要となる。	**農地所有者から直接借りることができる** スムーズに農地を借りることができる。
・相続税納税猶予制度(※)	**打切り** 納税猶予が打ち切られ、猶予税額と利子税の納税が必要。	**継続** 相続税納税猶予を受けたままで農地を貸すことができる。

（※）上記のほか、地方公共団体や農業協同組合、農地所有者が開設する場合についても、相続税納税猶予を継続することが可能となりました。

場合であっても、相続税（贈与税）の納税猶予が継続できるようになりました。

また、被相続人がこの貸付けを行っていた農地についても、相続人は相続税の納税猶予の適用を受けることができるようになりました。

(2) 納税猶予制度の取扱い

相続税及び贈与税の納税猶予制度において、下記の3つの取扱いを確認しておきます

（イ） 認定都市農地貸付け又は農園用地貸付けを行っていた者に相続があった場合

（ロ） 納税猶予を適用していた農業相続人が認定都市農地貸付け又は農園用地貸付けを行う場合

（ハ） 農地の生前一括贈与を受けた受贈者が贈与税の納税猶予を適用していた場合

① 三大都市圏特定市の農地

三大都市圏特定市の都市農地（生産緑地）において相続税の納税猶予を適用していた場合、従来は、他の農家へ貸付けを行うと、原則として納税猶予は打切りとなっていました。

それが、平成30年9月1日に都市農地貸借法が施行されて以降、農業相続人

図表14 相続税納税猶予の適用のイメージ（都市農地（＝生産緑地））

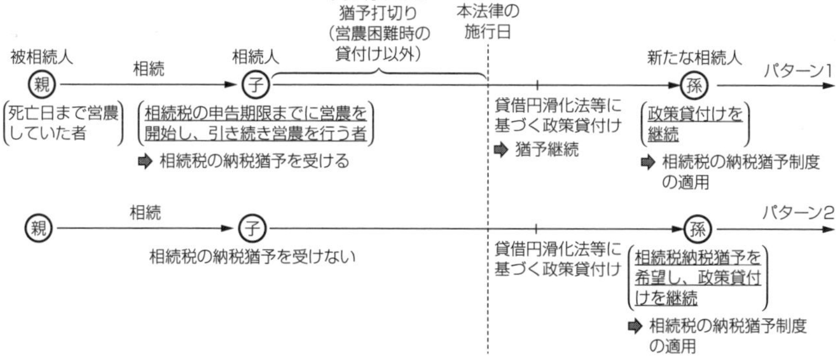

（出典）農林水産省ホームページ「都市農地の貸借の円滑化に関する法律の概要（令和元年11月）」

が認定都市農地貸付け又は農園用地貸付けを行った場合であっても猶予が継続されることとなりました（図表14 パターン1）。

また、認定都市農地貸付け又は農園用地貸付けを行っていた者が死亡した場合、その貸付けを行っていた生産緑地は、その死亡した者が死亡の日まで農業の用に供していたものとみなされることとなったため、その生産緑地を相続する相続人が、引き続き農業を営むなど一定の要件を満たせば、その農地について相続税の納税猶予を適用することが可能となりました（図表14 パターン2）。

②　三大都市圏特定市以外の農地

三大都市圏特定市以外の生産緑地において相続税の納税猶予を適用していた場合、従来は、20年営農することで猶予された相続税は免除となっていました。

それが、平成30年9月1日に都市農地貸借法が施行されて以降、それ以前に納税猶予の適用を受けていた者は経過措置として20年営農で免除となりますが、新たな農業相続人が相続税の納税猶予を受ける場合には、終身営農をしなければならないことになりました（図表15 パターン1）。

図表15 相続税納税猶予の適用のイメージ（地方都市）

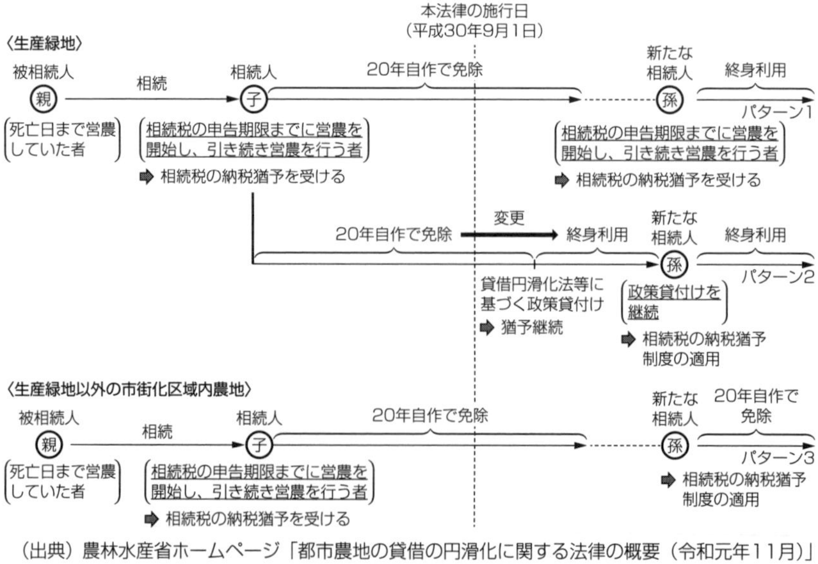

（出典）農林水産省ホームページ「都市農地の貸借の円滑化に関する法律の概要（令和元年11月）」

また、農業相続人が、都市農地貸借法の施行前に相続税の納税猶予の適用をしていた場合であっても、本法律の施行後に認定都市農地貸付け又は農園用地貸付けを行った場合には、終身営農をしなければならないこととなっています（**図表15** パターン2）。

なお、生産緑地以外の市街化区域内農地においては、引き続き20年営農することで免除となりますが、認定都市農地貸付け又は農園用地貸付けを行うことはできません（**図表15** パターン3）。

③　贈与税の納税猶予を適用していた場合

贈与税の納税猶予の適用を受けている場合において、その生産緑地で認定都市農地貸付け又は農園用地貸付けを行った場合、農業経営を廃止していないものとみなして、贈与税の納税猶予の特例を継続することが可能となります。

また、同じく贈与税の納税猶予を適用を受けている場合において、贈与者が死亡した際、受贈者である相続人がその贈与者の死亡に係る相続税の申告期限までに新たに認定都市農地貸付け又は農園用地貸付けを行ったときは、その農地は受贈者の農業の用に供しているものとみなして、相続税の納税猶予の適用を受けることが可能となります。

(2)　手続き

都市農地貸借法による特例の適用を受ける場合には、特例の適用を受けようとする旨、認定都市農地貸付け又は農園用地貸付けを行っている旨及びその他一定の事項を記載した届出書を貸付けを行った日から2か月以内に納税地の所轄税務署長に提出する必要があります。

4　納税猶予期限の確定事由

1　貸付期限の到来時の取扱い

POINT

認定都市農地貸付け又は農園用地貸付けに係る貸付期限が到来した場合においては、その貸付期限から2か月以内に新たな認定都市農地貸付け又は農園用地貸付けを行うか、または、自ら農業の用に供する必要があります。

その貸付けの要件を満たさなくなった場合には、納税猶予分の税額の全部又は一部の期限が確定することとなります。

(1)　貸付期限が到来した場合の手続き

認定都市農地貸付け又は農園用地貸付けに係る貸付期限が到来した場合において、特例適用者が、その貸付期限から2か月以内にその農地等について新たな認定都市農地貸付け又は農園用地貸付けを行うか、又は、自ら農業の用に供した場合には、その旨の届出書をその貸付期限から2か月以内に納税地の所轄税務署長へ提出しなければなりません。

この場合、新たな認定都市農地貸付け又は農園用地貸付けを行った部分については、その貸付けに係る賃借権の設定はなかったものと、農業経営は廃止していないものとみなされ、納税猶予は継続されます。

なお、その2か月以内に新たな認定都市農地貸付け又は農園用地貸付けを行うことができない場合においては、特例適用者がその貸付期限の翌日から1年以内に新たな認定都市農地貸付け又は農園用地貸付けを行う見込みであることについて、その貸付期限から2か月以内に納税地の所轄税務署長に承認の申請（貸付期限の延長申請）をすることができます。その承認を受けたときは、貸付期限の翌日から1年を経過する日（以下、「貸付猶予期日」といいます）まで納税猶予は継続されます。

上記の承認を受けた特例適用者は、新たな認定都市農地貸付け又は農園用地貸付けを行った場合、又は、自らの農業の用に供した場合には、2か月以内にその旨を所轄税務署長に提出する必要があります。

(2) 要件を満たさない場合

都市農地の貸付けの特例を適用している農地等について、認定都市農地貸付け又は農園用地貸付けの要件を満たさない場合には、それぞれ次に定める日に納税猶予分の税額の全部または一部の期限が確定することとなります。

① 認定都市農地貸付け又は農園用地貸付けの要件に該当しない貸付けを行った場合、その貸付けがあった日

図表 16 貸付期限の到来等があった場合の相続税の納税猶予制度上の手続き

認定都市農地貸付け又は農園用地貸付けを行っている農地について、貸付期限の到来等があった場合、所定の手続きが必要となります。
なお、所定の期間内に手続きを行わなければ、相続税の納税猶予の適用が打ち切られます。

①認定都市農地貸付け

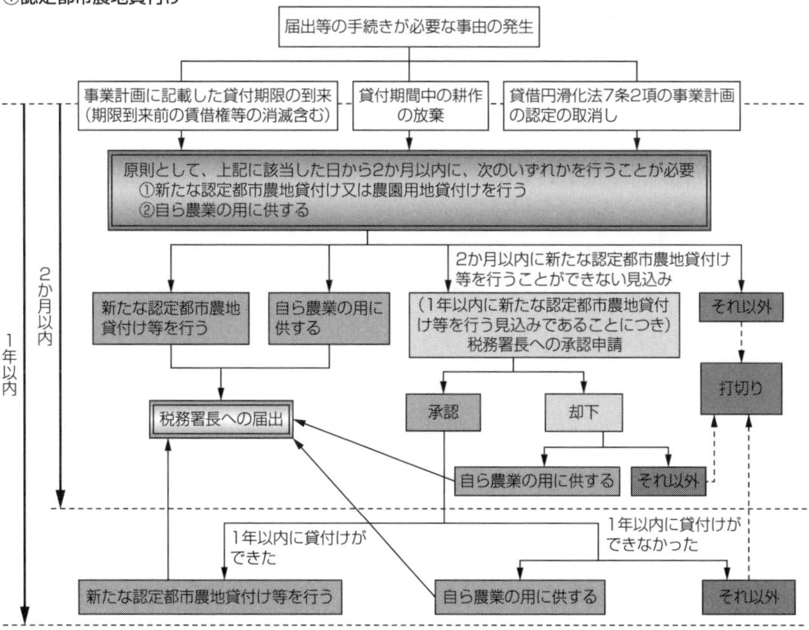

②農園用地貸付け

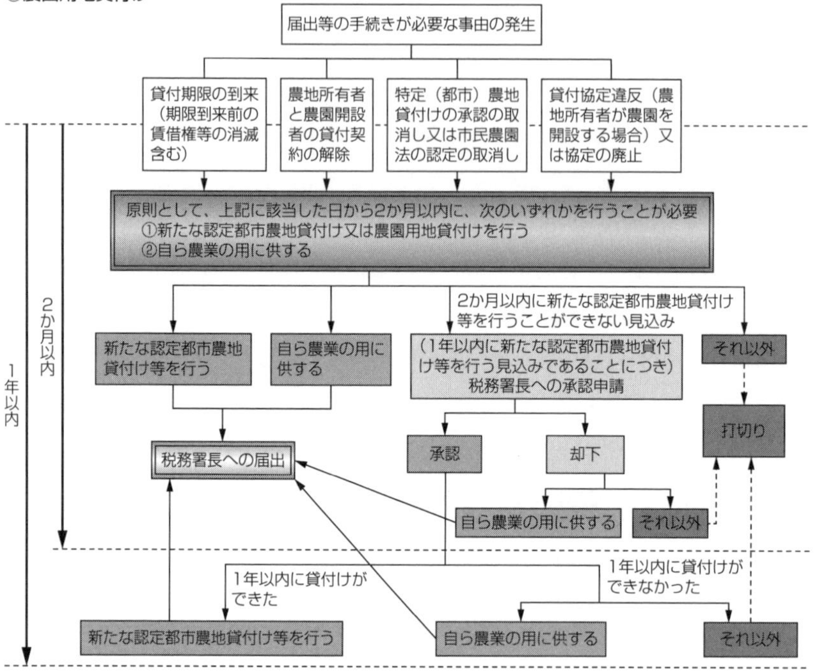

（出典）農林水産省ホームページ「都市農地の貸借の円滑化に関する法律の概要（令和元年11月）」

② 貸付期限から2か月を経過する日までに特例適用農地等の全部又は一部について、新たな認定都市農地貸付け又は農園用地貸付けを行っていない場合又は自らの農業の用に供していない場合、その貸付け期限

③ 貸付期限から2か月を経過する日までに所轄の税務署長へ届出書を提出しなかった場合、その貸付け期限

④ 貸付期限の延長の承認を受けた場合において、貸付猶予期日までに特例適用農地等の全部又は一部について新たな認定都市農地貸付け又は農園用地貸付けを行っていない場合又は自らの農業の用に供していない場合、その貸付猶予期日

(3) 耕作放棄があった場合

認定都市農地貸付け又は農園用地貸付けを行っていた農地について、耕作の

放棄等があった場合、耕作の放棄の日から2か月以内に認定都市農地貸付け又は農園用地貸付けに係る契約を解約し、新たな認定都市農地貸付け又は農園用地貸付けを行うか、または特例適用者自らの農業に供するものとして、その旨の届出書を耕作の放棄等があった日から2か月以内に納税地の所轄税務署長に提出したときに限り、耕作の放棄等はなかったものと、新たな認定都市農地貸付け又は農園用地貸付けに係る賃借権等の設定はなかったものとみなし、納税猶予の特例が継続されます。

この場合における耕作の放棄等から2か月以内に認定都市農地貸付けができないときの貸付期限の延長その他の手続きについては、前述の手続きと同様です。

2 認定都市農地貸付け等の免除期間

POINT

三大都市圏特定市の生産緑地においては、終身営農となります。

三大都市圏の特定市以外の生産緑地においては、従来は20年営農すれば猶予税額が免除されましたが、都市農地貸借法の施行日（平成30年9月1日）以降に発生した相続に係る納税猶予に関しては終身営農が条件となりました。

三大都市圏の特定市の特例適用農地等（生産緑地）においては、終身営農をする必要があります。

一方、三大都市圏の特定市以外の生産緑地においては、従来は20年営農すれば猶予税額が免除されましたが、都市農地貸借法の施行日（平成30年9月1日）以降に発生した相続に係る納税猶予に関しては終身営農が条件となります。

なお、本法律の施行日前に相続税の納税猶予を受けている場合は、経過措置として引き続き20年自ら営農を継続すれば納税猶予が免除されますが、農業相続人が、免除となる前に都市農地貸借法に基づき認定都市農地貸付け又は農園用地貸付けを行った場合には、すべての生産緑地の納税猶予の適用が終身営農に変更されます。

生産緑地以外の市街化区域内の農地については、従来どおり20年営農を継続すれば猶予税額が免除となります。

図表17 農地に係る相続税の納税猶予の適用区域及び要件のイメージ（平成30年度改正）

<table>
<tr><th colspan="2" rowspan="2">地理的区分
都市計画区分</th><th colspan="2">三大都市圏</th><th rowspan="2">地方圏</th></tr>
<tr><th>特定市</th><th>特定市以外</th></tr>
<tr><td rowspan="4">市街化区域</td><td rowspan="2">生産緑地（※1）</td><td>営農：終身</td><td colspan="2">営農：20年 ⇒【改正事項】終身</td></tr>
<tr><td colspan="3">【改正事項：追加】貸付：認定都市農地貸付、農園用地貸付</td></tr>
<tr><td>【改正事項：追加】
田園住居地域内の農地</td><td>営農：終身
（貸付：－）</td><td colspan="2" rowspan="2">営農：20年
（貸付：－）</td></tr>
<tr><td>上記以外</td><td></td></tr>
<tr><td colspan="2">市街化調整区域
都市計画区域外</td><td colspan="3">営農：終身
（貸付：特定貸付）</td></tr>
</table>

【改正事項】（※1）特定生産緑地を追加し、特定生産緑地の指定等がされなかった生産緑地を除外
（※2）対象となる農地の範囲に農作物栽培高度化施設の用に供される土地を追加

（参考）「営農困難時貸付け」は、すべての農地について適用が可能。

5 特定貸付け

1 特定貸付けとは

POINT

市街化区域外において、納税猶予の適用を受けている農地又は採草放牧地を農業経営基盤強化促進法に基づき貸し付けることを「特定貸付け」といいます。

市街化区域外において、農業経営基盤強化促進法に基づき次の事業により農地又は採草放牧地を貸し付けることを「特定貸付け」といいます。

① 利用権設定等促進事業（農地利用集積計画）

② 農地中間管理事業

③ 農地利用集積円滑化事業（～令和２年）

なお、特定貸付けにより貸し付けられている農地又は採草放牧地を「特定貸付農地等」といいます。

被相続人が生前から特定貸付けを行っていた場合においても、相続の際には相続税の納税猶予を受けることができます。また、既に納税猶予の適用を受けている農地又は採草放牧地において、農業相続人が特定貸付けを行った場合であっても納税猶予は継続されます。

2 農業経営基盤強化促進法とは

POINT

農業経営基盤強化促進法は、意欲ある農業者に対する農用地の利用集積、これらの農業者の経営管理の合理化等の措置を講じるものです。

主として市街化調整区域は、宅地化を抑制すべき区域であり、まとまった農地も多いことから、大規模な農業に向いているといえます。この区域では、一般的に相続税や固定資産税といった税負担も低く抑えられています。

そこで、農業経営基盤強化促進法では、農地法の法定更新や耕作権の発生の適用除外として農地の貸借ができるようになりました。農業経営基盤強化促進法は、効率的かつ安定的な農業経営を育成し、これらの農業経営が農業生産の相当部分を担うような農業構造を確立することにより、農業の健全な発展に寄与することを目的とした法律で昭和55（1980）年に創設されました。

まず、市街化区域外の農地所有者が安心して、意欲ある農業者に農地を貸すことができるようにするため、市区町村による利用権設定等促進事業（農地利用集積計画）があります。

また、市街化区域外で大規模な農業を行いたい場合、分散された農地の所有者から、1件1件土地を借りる必要がありますが、とても非効率的な作業となります。そこで、貸手と借手の間に農地中間管理機構が入って農地を集約することにより、農地所有者にとっては、自ら貸付先を探す必要がなく、安心して農地を貸すことができ、借手（担い手）にとっては、多数の農地所有者と交渉する必要もなく、点在する農地を面的にまとめることによって、効率的な農作業が可能となり生産性が向上することになります。これを農地中間管理事業又は農地利用集積円滑化事業といいます。

3 利用権設定等促進事業（農用地利用集積計画）とは

POINT

利用権設定等促進事業とは、農地の所有者と農家の貸借等を集団的に行うため、市町村が個々の権利移動を１つの計画（農用地利用集積計画）にまとめ、個々の契約を取り交わすことなく、一挙に貸借等の効果を生じさせる事業です。

(1) 利用権設定等促進事業（農用地利用集積計画）とは

農業経営基盤強化促進法に定める事業の1つに利用権設定等促進事業（農用地利用集積計画）があります。

農地の売買や貸借といった権利移動について、農地法の例外として、貸し手が安心して農地を貸すことができる農用地利用集積計画制度が昭和50（1975）年に創設されました（当時は「農用地利用増進計画」といいます）。農地版の定期借地権です。

農用地利用集積計画は、地域の担い手となる農業者の育成・確保及び経営改善を図る目的の達成のため、市町村が主体となって、地域の集団的な土地利用や農作業の効率化等を促進するものをいいます。

市町村が主体となって農地の出し手と受け手の情報を収集し、市町村の基本構想に定めた要件を満たす担い手農家等へ、農地の売買・貸借により農地を集積するため農用地利用集積計画を作成し公告します。

農用地利用集積計画により設定された賃借権については、農地法の法定更新が適用されないため、賃貸借の期間が満了すれば貸し手に賃貸していた農地が返還されます。

なお、農地の貸し手と借り手が引き続き賃貸借を希望する場合は、市町村が再度、農用地利用集積計画を作成・公告することにより再設定することができます。

(2) 利用権設定に当たっての条件

農業経営基盤強化促進法を活用し、利用権設定するに当たっては、設定を受ける者が農業経営目標を持った農業経営者であるほか、次のような条件を満たしていることが必要となります。

① 設定する土地が市街化調整区域内の農用地であること

② 利用権の設定を受ける人の農地面積が、現在耕作している面積と利用権設定を受ける農地を含め、50アール以上であること

③ 利用権の設定を受ける人の住所地と設定する農地までの通作距離が適当であること

④ 現在、借入れしている農地について、すべて耕作していること

⑤ 利用権の設定を受ける者又は世帯員が農作業に常時従事すること

(3) 農地法との違い

農業経営基盤強化促進法による利用権設定の場合、利用権を設定できる農地は、市街化調整区域内の農用地に限られます。

農地法3条の許可を得て貸借権を設定した場合は、契約期限が到来しても両者による解約の合意がない限り契約は解除されませんが、農業経営基盤強化促進法による利用権を設定した場合は契約期間が終了した時点で契約は解除されます。

このため、農地の所有者は貸した農地が戻らないなどの不安が解消され、安心して貸し借りをすることができます。

図表18 農地法による賃貸借と基盤法による利用権の設定の違い

	農地法による賃貸借	基盤法による利用権設定
対象農地	指定なし。	原則として市街化調整区域内の農用地。
契約期間の満了	期間満了前の一定の時期に貸主が解約の意向を伝えない場合は、自動更新。	期間満了により終了する。 (再設定により更新も可能)
更新の手続き	契約更新をしないことは、賃料の不払いや耕作放棄などの事由がなければ認められない。	期間満了により終了する。

4　農地中間管理事業とは

POINT

農地中間管理事業とは、農地中間管理機構が、農地を貸したい人（出し手）と農地の有効利用や農業経営の効率化を図りたい担い手（受け手）との間に入って貸借や売買の調整する事業をいいます。

(1)　農地中間管理事業とは

農業経営基盤強化促進法に定める事業の1つに農地中間管理事業があります。

農地中間管理事業は、農地中間管理事業の推進に関する法律に基づき、農地を貸したい人（出し手）から、農地の有効利用や農業経営の効率化を図る担い手（受け手）へ貸し付け、農地の集約・集積を進める事業をいい、平成26年度に全都道府県に農地中間管理機構（農地集積バンク）が設置されています。

農地中間管理機構は、出し手から農地を借り受け（買い入れ）、受け手がまとまりのある形で農地を利用できるように貸し付ける（売り渡す）といったように農地の中間的受け皿となります（図表19）。

また、複数の出し手農家の農地を農地中間管理機構に集約し、まとまった農地を受け手農家が希望する時期に売り渡すことも可能となります（図表20）。

図表19 事業のイメージ

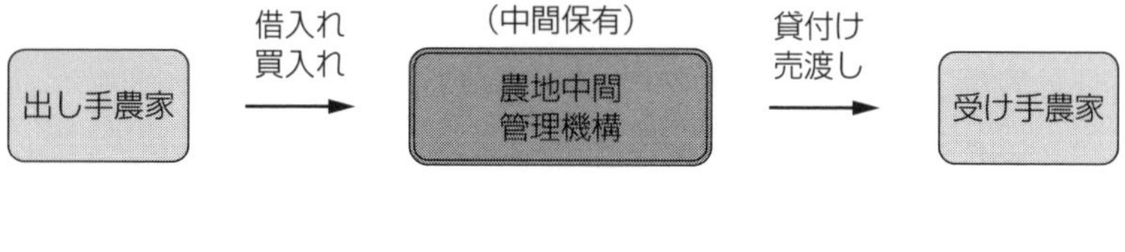

図表20 農地の集約

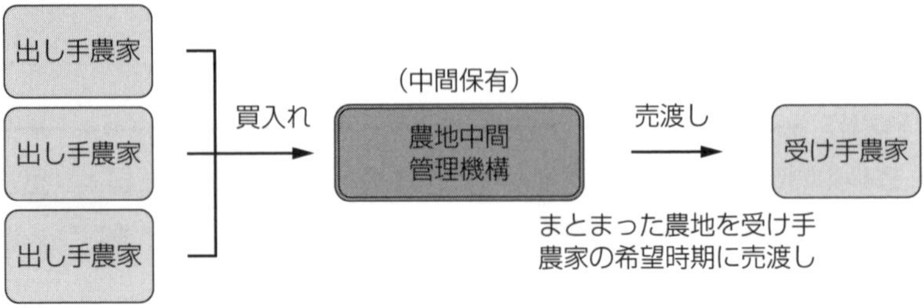

(2) 農地中間管理事業のメリット

農地を農地中間管理機構を通じて貸借することにより、遊休農地化を防止したり、担い手の規模拡大を実現したりできます。

また、出し手にとっては、農地を公的な機関が預かるので安心であること、契約期間が終われば農地が返還されること、市町村が農用地利用集積計画を作成するため契約書作成や農地法の許可が不要なことなどのメリットがあります。

受け手にとっては、公的な機関が間に入るので安心なこと、貸手が複数いる場合でも契約は機構のみとなり賃料支払いも簡易なこと、機構が利用配分計画を作成するため契約書の作成や農地法の許可が不要なことなどのメリットがあります。

図表21 農地中間管理機構の役割

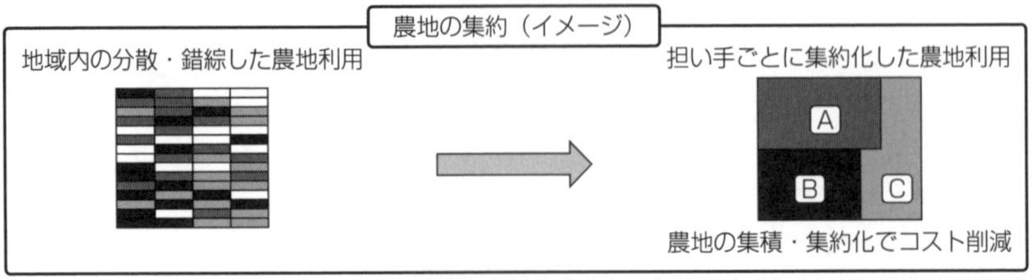

（出典）農林水産省ホームページ「農地中間管理機構の概要」

5 農地利用集積円滑化事業とは

POINT

農地利用集積円滑化事業とは、市町村が地域内の農地を一括して引き受けて、まとまった形で担い手に再分配を行う仕組みをいい、平成 21 年 12 月から令和 2 年 4 月まで行われていた事業です。

(1) 農地利用集積円滑化事業

農地利用集積円滑化事業は、農地等の効率的な利用に向け、その集積を促進するため、平成 21（2009）年 12 月から令和 2（2020）年 4 月まで行われていた事業です（現在は行われていない事業ですが、「農地利用集積円滑化事業」が旧来の農地等の納税猶予制度の解説によく出てくるため、ここで解説しています）。全国の市町村において、地域内の農地を一括して引き受けて、まとまった形で担い手に再分配を行う仕組みをいいます。

農地所有者にとっては、自ら貸付先を探す必要がなく、安心して農地を貸すことができます。

一方、借手（担い手）にとっては、多数の農地所有者と交渉する必要もなく、点在する農地を面的にまとめることによって、効率的な農作業が可能となり生産性が向上します。

なお、令和 2（2020）年に農地中間管理事業の推進に関する法律等の改正が行われ、これまで市町村段階で実施していた農地利用集積円滑化事業は農地中間管理事業へ統合一体化されることとなりました。

(2) 事業の内容

農地等の効率的な利用に向け、その集積を促進するため、農業経営基盤強化促進法に基づいて農地利用集積円滑化団体（市町村、農協、公社など）は次の 3 事業を行います。

①　農地所有者代理事業

農地所有者代理事業とは、農地利用集積円滑化団体が、農地所有者から委任を受けて、所有者を代理し、担い手農業者へ農地の売渡しや貸付け等を行うことをいいます。

契約形態は、農地利用集積円滑化団体を介さず、出し手と受け手の直接契約となりますので、①集落営農や農用地利用改善団体などが農地を集積する場合に契約数が多くなる点、②受け手が賃借料を支払わない限り農地所有者へ賃借料が入金されない点、③農業者年金で経営移譲年金や経営継承年金の受給を希望する場合に耕作者が支給要件に合致しないと支給されない点が挙げられます。

図表22 事業のイメージ

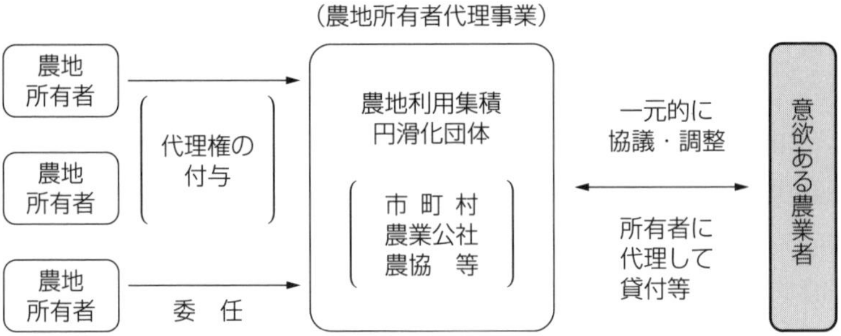

②　農地売買等事業

農地売買等事業とは、農地利用集積円滑化団体が、農地所有者から農地の買入れや借受けを行い、担い手農家（認定農業者等）へ売渡しや貸付けを行うことをいいます。

ここでは、①集落営農や農用地利用改善団体などが農地を集積する場合に有効な手法である点、②農地所有者への賃借料が農地利用集積円滑化団体から支払われるので未納の心配がない点、③農業者年金での経営移譲年金や経営継承年金の受給を受けることができる点が挙げられます。

③　研修等事業

研修等事業は、農地売買等事業により一時的に保有する農地等を活用して、新規就農希望者に対して農業の技術、経営の方法等に関する実地研修を行います。

6 特定貸付けと納税猶予

POINT

納税猶予の適用を受けている農地又は採草放牧地においては、特定貸付けを行った場合であっても、相続税（贈与税）の納税猶予が継続できます。

(1) 特定貸付けと納税猶予

特定貸付けを行った農地又は採草放牧地において、次の①から③までに該当する場合には、相続税及び贈与税の納税猶予の適用を受けることができます。

① 特定貸付けを行っていた者が死亡した場合

相続税の納税猶予の適用を受け、特定貸付けを行っていた者が死亡した場合には、その特例適用農地等は、その者がその死亡の日まで農業の用に供していたものとみなされ、その相続人が新たに農業を営むなど一定の要件を満たせば相続税の納税猶予の特例を適用することができます。

② 相続人が特定貸付けを行う場合

被相続人が納税猶予の適用を受けていなかった場合又は適用を受けていたが特定貸付けを行っていなかった場合であっても、相続人が相続又は遺贈により取得した農地又は採草放牧地について、申告期限までに新たに特定貸付けを行った場合には、その貸し付けた農地又は採草放牧地についても、相続税の納税猶予の適用を受けることができます。

③ 贈与税の納税猶予の適用を受けていた場合

贈与税の納税猶予の適用を受けている場合に贈与者が死亡したとき、贈与者から相続により取得したものとみなされ、相続税の課税対象となります。

その際、受贈者がその贈与者の死亡に係る相続税の申告期限までに新たに特定貸付けを行った場合、相続税の納税猶予の適用を受けることができます。

図表23 特定貸付けを行うための要件

適用対象者

- ○ 現に納税猶予の適用を受けている農業相続人
- ○ 特定貸付けが行われている農地を相続した相続人
- ○ 農地を相続したことに伴い特定貸付けを行おうとする相続人

適用対象農地

- ○ 市街化区域以外の農地

貸付け手法

- ○ 農業経営基盤強化促進法等に基づく、以下の事業による貸付け
  - ① 農地中間管理事業
  - ② 利用権設定等促進事業（農用地利用集積計画）

※①の貸付けには農地法3条許可による貸付けも含まれます。

(2) 手続き

特例適用農地等において特定貸付けを行った場合、納税地の所轄税務署長に特定貸付けを行っている旨等を記載した届出書を貸付けを行った日から2か月以内に提出する必要があります。

図表24 特定貸付けの仕組み

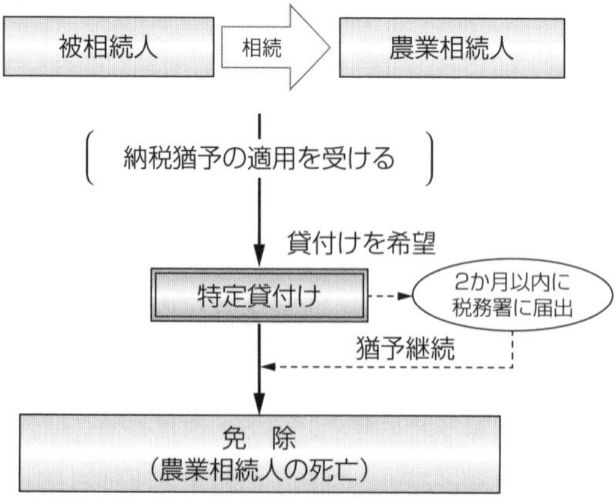

（出典）農林水産省ホームページ「相続税の納税猶予制度の概要」

7　特定貸付けを行った後の納税猶予期限の確定事由

POINT

特定貸付けに係る期限が到来した場合においては、その特定貸付農地等について新たな貸付けを行うか、または、自ら農業の用に供する必要があります。

なお、貸付期限から2か月を経過する日までに特定貸付農地等の全部又は一部について、新たな特定貸付けを行っていない場合又は自らの農業の用に供していない場合には、納税猶予分の税額の全部又は一部の期限が確定することとなります。

(1)　貸付期限が到来した場合の手続き

特定貸付けに係る期限が到来した場合において、特例適用者が、その貸付け期限から2か月以内にその特定貸付農地等について新たな貸付けを行うか、又は、自ら農業の用に供した場合には、その旨の届出書をその貸付期限から2か月以内に納税地の所轄税務署長へ提出しなければなりません。

この場合、新たな貸付けを行った部分については、新たな特定貸付けに係る賃借権の設定はなかったものと、農業経営は廃止していないものとみなされ、納税猶予は継続されます。

その2か月以内に新たな特定貸付けを行うことができない場合においては、特例適用者がその貸付期限の翌日から1年以内に新たな特定貸付けを行う見込みであることについて、その貸付期限から2か月以内に納税地の所轄税務署長に承認の申請（貸付期限の延長申請）をすることができます。その承認を受けたときは、貸付期限の翌日から1年を経過する日（貸付猶予期日）まで納税猶予は継続されます。

上記の承認を受けた特例適用者は、その後に新たな特定貸付けを行った場合、又は、自らの農業の用に供した場合には、2か月以内にその旨を所轄税務署長に提出する必要があります。

また、特定貸付け農地に耕作の放棄等があった場合においても、耕作の放棄の日から2か月以内に、新たな特定貸付けを行うか、自らの農業に供しなければ、納税猶予の適用は打切りとなります。

(2) 納税猶予期限の確定

特定貸付けを行う農地又は採草放牧地について、特定貸付けの要件を満たさないこととなった場合には、次に掲げる日に納税猶予分の税額の全部又は一部の期限が確定します。

① 特定貸付けの要件に該当しない貸付けを行った場合、その貸付けがあった日

② 貸付期限から2か月を経過する日までに特定貸付農地等の全部又は一部について、新たな特定貸付けを行っていない場合又は自らの農業の用に供していない場合、その貸付け期限

③ 貸付期限から2か月を経過する日までに所轄の税務署長へ届出書を提出しなかった場合、その貸付け期限

④ 貸付期限の延長の承認を受けた場合において、貸付猶予期日までに特例適用農地等の全部又は一部について新たな特定貸付けを行っていない場合又は自らの農業の用に供していない場合、その貸付猶予期日

(3) 旧法経過措置との関係

市街化区域外の農地については、従来20年営農を行うことで納税猶予税額は免除となっていましたが、平成21年12月15日以後は終身営農となりました。

そのため、経過措置として、平成21年12月15日前に納税猶予の適用を受けている農業相続人については、原則として20年営農を継続した場合に納税が免除されます。

ただし、平成21年12月15日前に納税猶予の適用を受けている農業相続人が特例農地等において、特定貸付けを行った場合は終身営農となりますので留意が必要です。

図表 25 貸付期限到来時の手続き

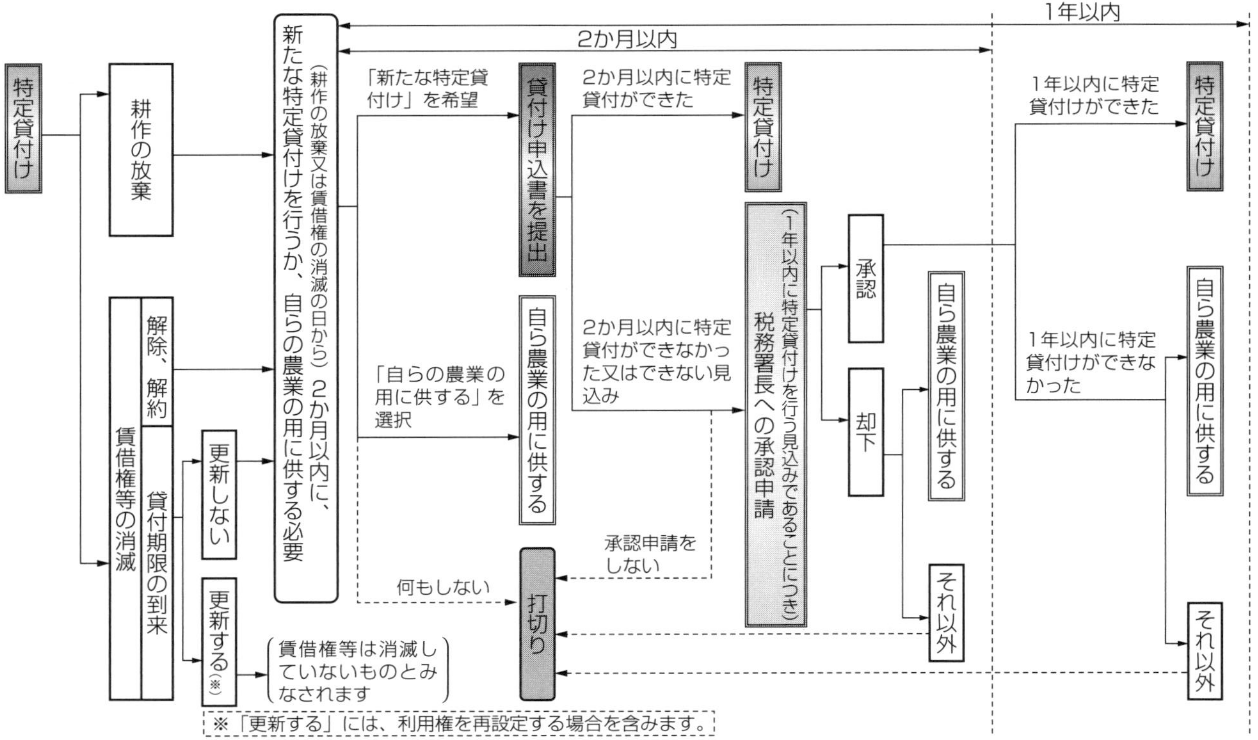

（出典）農林水産省ホームページ「相続税の納税猶予制度の概要」

6 営農困難時貸付け

1 営農困難時貸付けとは

POINT

相続税（贈与税）の納税猶予の適用を受けている農業相続人（受贈者）が、障害、疾病その他の事由により、特例適用農地等について農業の用に供することが困難な状態となった場合、一定の貸付けを行ったときは、農業経営は廃止していないものとみなして、納税猶予の特例が継続されます。

相続税（贈与税）の納税猶予の適用を受けている農業相続人（受贈者）が、障害、疾病その他の事由により、その特例の適用を受けている農地等について、農業の用に供することが困難な状態となることがあります。

このような場合において、特例適用農地等について、地上権、耕作権、永小作権、使用貸借による権利又は賃借権の設定に基づく一定の貸付け（以下「営農困難時貸付け」といいます）を行ったときは、農業経営は廃止していないものとみなして、納税猶予の特例が継続されることとなります。

なお、相続税の納税猶予において営農困難時貸付けを行っている者が死亡した場合、及び、贈与税の納税猶予において営農困難時貸付けを行っていた受贈者が死亡した場合は、その死亡した者の相続人に係る相続税の納税猶予の適用については、その営農困難時貸付農地はその死亡した者がその死亡の日まで農業の用に供していたものとみなされます。

したがって、その相続人が新たに農業を営むなど一定の要件を満たせば、相続税の納税猶予を適用することができます。

2　営農困難事由とは

相続税又は贈与税の納税猶予の適用を受けている者が、重度の障害により営農困難な状態となった場合には、特例適用農地等を貸し付けても納税猶予が打切りになることはありません。

その場合の「営農困難な状態」とは、次のような者、場合をいいます。

① 精神障害者保健福祉手帳（障害等級が1級）の交付を受けている者

② 身体障害者手帳（身体上の障害の程度が1級又は2級）の交付を受けている者

③ 介護保険制度の被保険者証（要介護度5）の交付を受けている者

④ 以下の表の障害又は事由により農業に従事することができなくなった故障として市町村長の認定を受けている場合

図表26　認定の対象となる障害又は事由

障害	視覚	両眼の視力が0.1以下
		周辺視野角度（Ⅰ／4視標による。）の総和が左右眼それぞれ80度以下かつ両眼中心視野角度（Ⅰ／2視標による。）が56度以下、又は両眼開放視認点数が70点以下かつ両眼中心視野視認点数が40点以下
	聴覚	両耳の聴力レベルが90デシベル以上
	平衡	平衡機能の著しい障害
	咀嚼言語	咀嚼又は言語の機能を廃したもの
		咀嚼及び言語の機能の著しい障害
	精神等	精神、神経系統の機能又は胸腹部臓器の機能の著しい障害
	肢体	両腕又は両脚の全部又は一部の喪失
		片腕又は片脚の用を全廃したもの
		片腕の3大関節のうち、2関節の用を廃したもの
		両手の指又は両足の指の全部又は一部の喪失
		両手の親指、人指し指又は中指の用を廃したもの
		片手の親指及び人指し指の用を廃したもの
		親指又は人指し指を含めて片手の3指の用を廃したもの

		片脚の3大関節のうち、2関節の用を廃したもの
		両足の足指の全部の用を廃したもの
		長管状骨に偽関節を残し、運動機能に著しい障害を残すもの
	体幹脊柱	座っていること、立ち上がること又は歩くことができない程度の体幹の機能の障害
		脊柱の機能に著しい障害を残すもの
	重複	身体の機能の障害若しくは病状又は精神の障害が重複する場合
	老衰	老衰により農業に従事する能力が著しく阻害されているもの

事由	入院	1年以上の期間を要する入院
	施設への入所	救護施設
		認知症対応型老人共同生活援助事業を行う住居、養護老人ホーム、特別養護老人ホーム、軽費老人ホーム又は有料老人ホーム（要介護認定又は要支援認定を受けている場合）
		介護老人保健施設又は介護療養型医療施設
		障害福祉サービス事業（療養介護、生活介護、重度障害者等包括支援、共同生活介護、自立訓練又は共同生活援助を行う事業に限ります。）を行う施設又は障害者支援施設

（出典）農林水産省ホームページ「農地の贈与・相続に係る特例措置について知りたい」

3　営農困難時貸付けの適用要件

POINT

営農困難時貸付けが適用されるのは、次のいずれかの場合です。

① 特例適用農地等が、市街化区域内など特定貸付けができない区域にある場合

② 特定貸付けの申込みを行った日後１年を経過する日までにその貸付けを行うことができなかった場合

③ 贈与税の納税猶予の適用を受けている受贈者が、特定貸付けのうち利用権設定等促進事業を行った場合において、申告書の提出期限から貸付けまでの期間が10年（貸付時の年齢が65歳未満の場合は20年）に満たない場合

(1)　貸付の方法

納税猶予の適用を受けようとする者が、営農困難事由に該当することとなった場合、農業経営基盤強化促進法による特定貸付けを行うことができます。

ただし、特例適用農地等が市街化区域にあったり、特定貸付けの申込みを行った日後1年を経過する日までにその貸付けを行うことができなかったときなど、農業経営基盤強化促進法による特定貸付けを行うことができない場合には農地法による貸付けを行うことができます。

また、贈与税の納税猶予の適用を受けている受贈者が、特定貸付けのうち利用権設定等促進事業を行った場合において、申告書の提出期限から貸付けまでの期間が10年（貸付時の年齢が65歳未満の場合は20年）に満たない場合も同様です（農地中間管理事業による貸付けの場合はいつでも特定貸付けができます）。

なお、この特例は、納税猶予の適用期間中に農業の継続が困難となった特例適用者に対する措置であることから、申告期限において既に営農困難事由が生じていた者が納税猶予の適用をした場合には、原則として、営農困難時貸付け

の対象とはなりません。

(2) 手続き

特例適用農地等について営農困難時貸付けを行ったときは、その営農困難時貸付けを行った日から2か月以内に、所轄税務署長に届出書を提出する必要があります。

なお、届出書の提出がない場合には、その貸付けは営農困難時貸付けの特例の適用を受ける権利設定に該当しないことから、納税猶予に係る期限が確定し、納税猶予額を納付しなければなりません。

図表27 営農困難時貸付けの仕組み

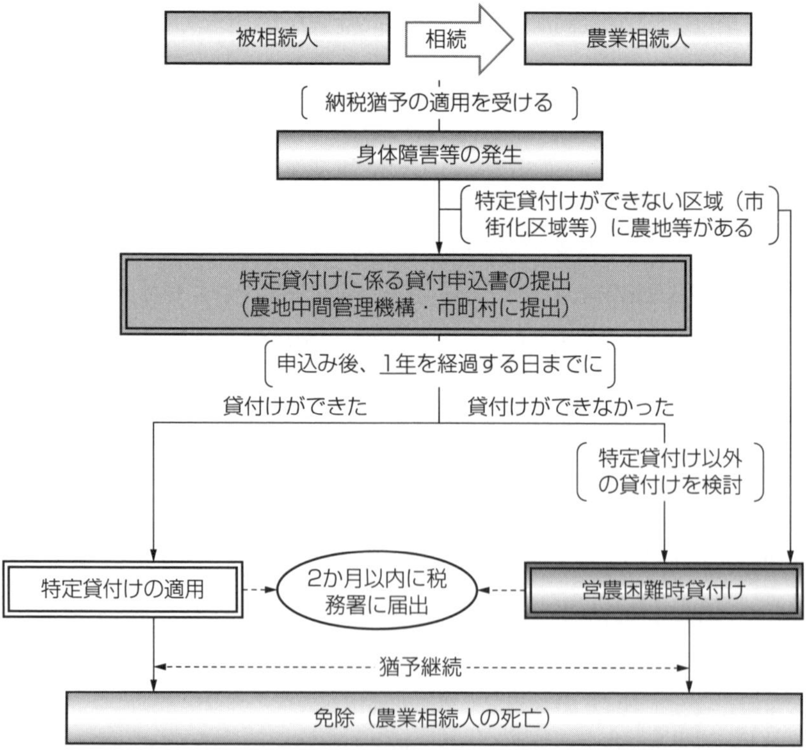

（出典）農林水産省ホームページ「相続税の納税猶予制度の概要」

図表28 営農困難時貸付け終了時の手続き

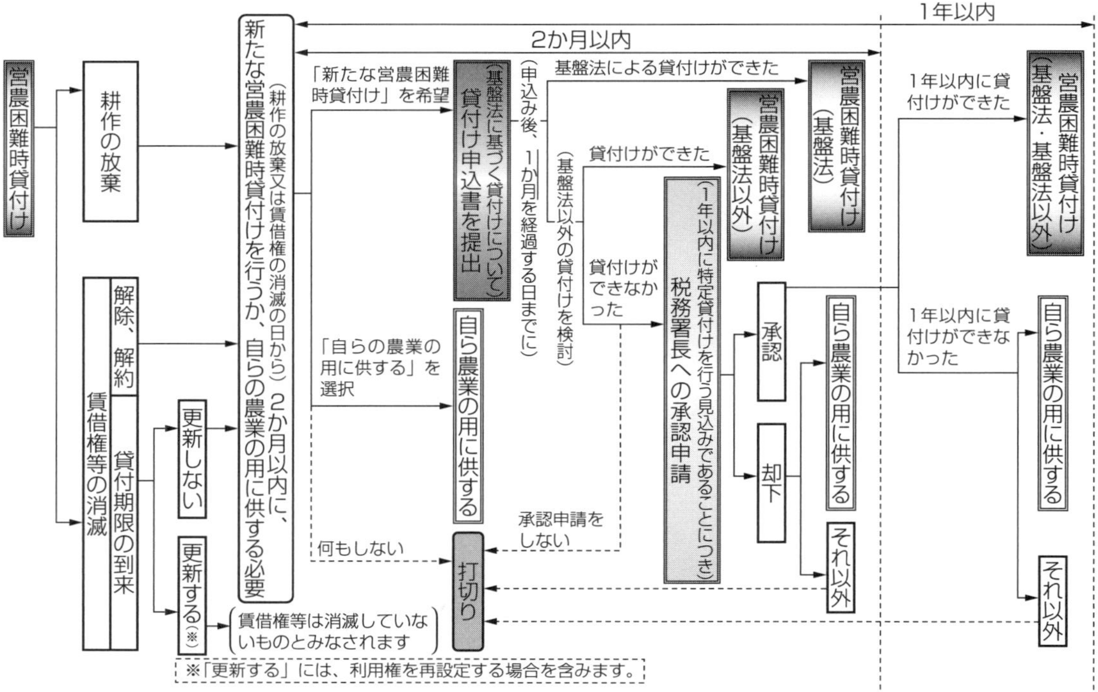

(出典)農林水産省ホームページ「相続税の納税猶予制度の概要」

また、耕作の放棄があった場合、耕作の放棄の日から２か月以内に、新たな営農困難時貸付けを行うか、自らの農業に供しなければ、納税猶予の適用は打切りとなります。

第4章　納税猶予を理解するための行政法規

1 都市計画法

相続税・贈与税の納税猶予制度の活用においては、不動産に関する法律（行政法規）の知識が必要となります。

基本となるのは都市計画法や農地法となりますが、そのほか、生産緑地法や農業振興法なども必要となる場面があります。

1 市街化区域と市街化調整区域

POINT

市街化区域は、既に市街地を形成している区域及び優先的かつ計画的に市街化を図るべき区域をいい、市街化調整区域は、市街化を抑制すべき区域をいいます。

昭和 43（1968）年に制定された都市計画法は、無秩序な市街化を防止し、計画的な市街化を図るため、日本国土を市街化区域と市街化調整区域に区分しました。

市街化区域は、既に市街地を形成している区域及び優先的かつ計画的に市街化を図るべき区域をいい、基本的に建築物を建てることができます。

これに対し、市街化調整区域は、市街化を抑制すべき区域であり、原則として建築物を建てることはできない地域となります。現状、市街化調整区域であっても市街化区域並みに住宅が建っている地域もありますが、これは、都市計画法が定められる以前から宅地であった場合（既存宅地）や、農家の分家住宅、条例により建築が認められている戸建連たん地域であることによります。

いまだ区域区分が定められていない区域は非線引区域といい、そこでの建築物の建築の可否はその地域によって個別に異なります。かつては「未線引き区域」とも呼ばれていましたが、平成 12（2000）年の都市計画法の改正によりこの呼称は廃止されています。

準都市計画区域は、都市計画区域外の区域において、市街化が進行すると見込まれる場合に、土地利用を制限するために設ける区域です。例えば、高速道路のインターチェンジなどがこれに当たります。

農地等の納税猶予制度は、市街化区域か市街化調整区域かによって適用のための要件が異なります。評価対象農地がどの区域にあるのか、その農地が所在する各市区町村において都市計画図で確認する必要があります（都市計画図は、各市区町村のホームページよりインターネットで確認できる自治体もあります）。

2 用途地域

POINT

用途地域とは、計画的な市街地を形成するために、用途に応じて13種類に分けられた地域のことをいいます。

都市計画法は、市街地における土地の適正な利用を図るため、その目標に応じて地域を13種類に区分しており、これを用途地域といいます（**図表1**）。

用途地域は、住居系や商業系、工業系としてエリアを区分し、そのエリアに沿った土地利用が図られています。住居系として、①第一種低層住居専用地域、②第二種低層住居専用地域、③第一種中高層住居専用地域、④第二種中高層住居専用地域、⑤第一種住居地域、⑥第二種住居地域、⑦準住居地域、⑧田園住居地域、商業系として、⑨近隣商業地域、⑩商業地域、工業系として⑪準工業地域、⑫工業地域、⑬工業専用地域があります（都市計画法9①～⑬）。

例えば、低層住居専用の地域では建築物の高さは10mまでとか、第一種住居地域ではコンビニを建てることができるがカラオケボックスは建てることができない、工業専用地域では工場は建てることができるが、住宅、商店、学校、病院などは建てることができないといったようになります。

なお、用途地域は、市街化区域において定められていますが、市街化調整区域においては原則として定められていません。非線引き区域においては必要に

図表1 用途地域の種類

	用途地域	内　容
1	第一種低層住居専用地域	低層住宅の良好な環境を守るための地域。小規模な店舗や事務所を兼ねた住宅、小中学校などを建てることができる。
2	第二種低層住居専用地域	主として低層住宅の良好な環境を守るための地域。小中学校などのほか、150 m^2 までの一定の店舗などを建てることができる。
3	第一種中高層住居専用地域	中高層住宅の良好な環境を守るための地域。病院、大学、500 m^2 までの一定の店舗などを建てることができる。
4	第二種中高層住居専用地域	主として中高層住宅の良好な環境を守るための地域。病院、大学などのほか、1,500 m^2 までの一定の店舗や事務所などを建てることができる。
5	第一種住居地域	住居の環境を守るための地域。3,000 m^2 までの店舗、事務所、ホテルなどを建てることができる。
6	第二種住居地域	主として住居の環境を守るための地域。店舗、事務所、ホテル、パチンコ屋、カラオケボックスなどは建てることができる。
7	準住居地域	道路の沿道としての地域の特性にふさわしい業務の利便の増進をはかりつつ、これと調和した住居の環境を保護するための地域。
8	田園住居地域	農業の利便の増進を図りつつ、これと調和した低層住宅に係る良好な住居の環境を保護するための地域。
9	近隣商業地域	近隣住民が日用品の買物などをするための地域。住宅や店舗のほかに小規模の工場も建てることができる。
10	商業地域	銀行、映画館、飲食店、百貨店など商業その他の業務の利便を増進するための地域。住宅や小規模の工場も建てることができる。
11	準工業地域	主として環境の悪化をもたらすおそれのない工業の利便を増進するための地域。危険性、環境悪化が大きい工場を除き、ほとんど建てることができる。
12	工業地域	主として工業の利便を増進するための地域で、どんな工場でも建てられる。住宅やお店も建てることができるが、学校、病院、ホテルなどは建てることができない。
13	工業専用地域	専ら工業の利便を増進するための地域。どんな工場でも建てることができるが、住宅、お店、学校、病院、ホテルなどは建てることができない。

応じて定められています。

これらの用途地域は、市区町村における「都市計画図」において確認することができます。

3 田園住居地域

POINT

平成30年に追加された「田園住居地域」とは、用途地域のうち住居系用途地域の一類型として、住宅と農地が混在し、両者が調和して良好な居住環境と営農環境を形成している地域となります。

従来、用途地域は12種類でしたが、平成30（2018）年4月から田園住居地域が追加となっています。

これまで市街化区域は、優先的かつ計画的に市街化を図るべき区域とされていましたが、住居系用途地域の一類型としての田園住居地域は、住宅と農地が混在し、両者が調和して良好な居住環境と営農環境を形成している地域となります。

田園住居地域においては、農地について、土地の造成や建築物の建築などの開発行為を行う場合に市町村長の許可が必要となったり、低層住居専用地域と同様の建築規制（これにより日影等の影響を受けることなく営農継続が可能となります）がなされたりします。

2 農地法

POINT

農地法は、農地を保護するため、農地の売買や賃貸、農地転用の制限、利用関係の調整などを定めています。農地を農地以外の地目に転用したり、売買したりするような場合には、都道府県知事や市町村長、農業委員会の許可を受けなければならないこととなります。

農地法は、主に市街化区域以外の区域において、農地を保護するため、農地の売買や賃貸、農地転用の制限、利用関係の調整などを定めた法律です。農地法が定める農地転用許可制度では、優良農地を確保するため、農地の優良性や周辺の土地利用状況等により農地を区分し、転用を農業上の利用に支障が少ない農地に誘導するとともに、具体的な転用目的を有しない投機目的、資産保有目的での農地の取得は認めないこととされています。

したがって、農地は、農地以外の地目に転用したり、売買したりするような場合には、農地法の規定により、都道府県知事や市区町村長、農業委員会の許可を受けなければならないこととなります（図表2）。これらの許可を受けないでした行為は、効力を生じません。

なお、これらの許可を定めた条文が農地法の3条、4条、5条に定められているため、それぞれ3条許可、4条許可、5条許可などと呼ばれています。

(1) 3条許可

農地を農地のまま売買や賃貸借等をする場合、原則として、農地が所在する市区町村の農業委員会の許可が必要となります。これを農地法3条許可といいます。

なお、農地を相続した場合には許可が不要とされていますが、農業委員会への届出が必要となります。

(2) 4条許可

農地を農地以外にすること、農地の形状などを変更して住宅、工場、商業施設、道路等にすることを「農地転用」といいます。農地の形状を変更しない場合でも、資材置場、駐車場のように、耕作目的以外に使用することも転用に含まれます。そのような農地転用をする場合には、都道府県知事または市区町村長の許可が必要となります。これを農地法4条許可といいます。

4ヘクタール以下の農地を農地以外のものにする場合は、都道府県知事の許可、4ヘクタールを超える農地を農地以外のものにする場合は、農林水産大臣への協議が必要となります。

なお、市街化区域内にある農地の転用は、許可は不要となりますが、農業委員会への届出が必要となります。

(3) 5条許可

農地を農地以外にする目的で、売買や賃貸借等をする場合、都道府県知事または市区町村長の許可が必要となります。これを農地法5条許可といいます。

4ヘクタール以下の農地または採草放牧地を転用するために権利移動する場合は、都道府県知事の許可、4ヘクタールを超える農地又は採草放牧地について転用するために権利移動する場合は、農林水産大臣への協議が必要となります。

なお、市街化区域内にある農地又は採草放牧地の転用のための権利移動は、農業委員会への届出が必要です。

図表2 農地の制限と許可権者

区分	内容	許可権者
3条許可	農地の売買や権利の設定	農業委員会の許可
4条許可	農地を宅地に転用	都道府県知事又は市町村長の許可
5条許可	農地を宅地に転用して売買	都道府県知事又は市町村長の許可

3 農業振興地域の整備に関する法律

POINT

農業振興地域とは、農業振興地域の整備に関する法律に基づき、農用地を確保することを目的とした地域のことをいいます。

都道府県知事によって農業振興地域が指定され、市区町村によって農用地区域が指定されます。この農用地区域内の農地を農地以外のものに転用することは、原則としてできないこととなります。

(1) 農業振興法とは

市街化区域内の農地の宅地化が積極的に進められる反面、市街化区域以外の区域において農用地を確保することを政策目的の1つとして、昭和44(1969)年に農業振興地域の整備に関する法律(以下「農業振興法」といいます)が制定されています。

農業振興法においては、都道府県知事により、概ね10年以上の長期にわたって、一体として農業の振興を図るべき地域について「農業振興地域」が指定されます。

また、市区町村により、優良農地を確保していくため、集団的農用地(10ha以上)や農業用施設用地等に利用される区域である「農用地区域」が指定されます。

なお、俗に農用地区域内の農地を「青地」、農用地区域以外の農地を「白地」と呼びます。

(2) 農業振興地域内の農地転用

農用地区域内の農地(青地)を農地以外のものに転用することは、原則としてできないこととなります。農用地利用計画において指定された用途に供する場合以外認められません。

農用地を農用地区域から除外する場合は、農用地利用計画の変更手続きをした上で農地法による転用許可を得る必要があります。

農業振興地域における農用地区域以外の農地（白地）の転用については、本法による開発規制は行われませんが、農地法による転用許可が必要となります。

4 生産緑地

1 生産緑地制度

POINT

生産緑地とは、市街化区域内において保全する農地をいいます。生産緑地に指定がなされると、指定日から30年間建築物の新築等の行為が制限されますが、毎年の固定資産税が農地課税になり負担が小さいものとなります。

生産緑地の指定から30年経過後又は生産緑地に係る主たる農林漁業従事者の死亡等のとき、市町村長へ時価での買取り申出が可能となります。買取りが不成立の場合は、3か月後に制限が解除されます。

(1) 生産緑地とは

生産緑地とは、市街化区域内の農地について、「宅地化する農地」と「保全する農地」との区分の明確化を図るための制度です。

保全する農地については、農地所有者に原則として30年間の農地としての管理義務と建築物の新築等の行為制限を課すことにより、都市における農地等の保全を図っています。また、都市圏内に所在する市街化区域内の農地に係る固定資産税が原則宅地並み課税となることから、農業後継者への急激な固定資産税の負担増を回避することを目的としています。

全国の農地の面積は **図表3** のとおりです。三大都市圏特定市においては、生産緑地以外の市街化区域農地（1.0万ha）よりも生産緑地（1.2万ha）の方が多くなっています。三大都市圏特定市以外の地域においては、市街化区域農地（4.1万ha）の方が生産緑地（0.01万ha）より圧倒的に多くなっています。

三大都市圏特定市において、平成4（1992）年に生産緑地法が改正されたことにより指定された生産緑地と市街化区域内農地（非生産緑地）の面積の推移は **図表4** のとおりです。生産緑地は、平成4（1992）年以降、1.5万haから

図表3 全国の農地の内訳

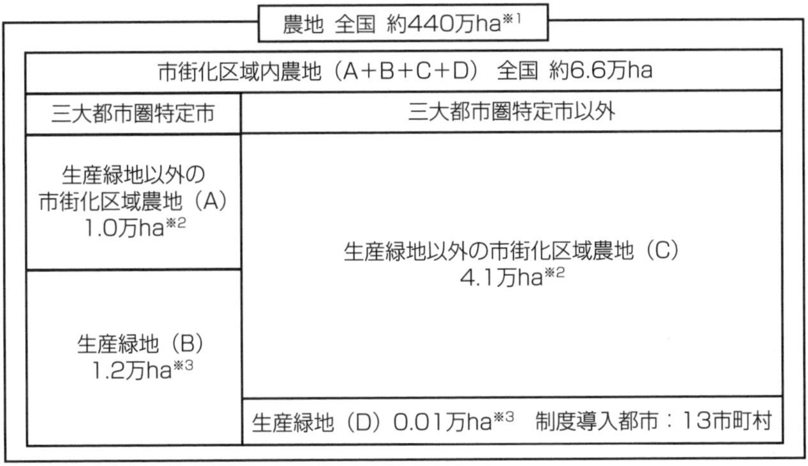

※1 農林水産省「農林水産統計」より耕地面積（R2.7.15現在）
※2 総務省「固定資産の価格等の概要調書」（H31.1.1現在）
※3 国土交通省調べ（R2.12.31現在）

都市計画区域	：1024.6万ha
線引き都市計画区域	：521.9万ha
市街化区域	：145.1万ha
うち三大都市圏特定市	：63.5万ha
	（R2.3.31現在）

（出典）国土交通省ホームページ「農地面積の現状」

1.2万haを横ばいに推移していますが、平成4（1992）年に3.0万haあった生産緑地以外の市街化区域農地は、平成30（2018）年には1.0万haと約3分の1に減少しています。

相続税及び贈与税の納税猶予制度においては、生産緑地であるか否かにより納税猶予を受ける要件が異なりますので、このような傾向の把握も重要となります。

(2) 生産緑地のこれまでの経緯

昭和43（1968）年の都市計画法により、市街化区域は、「既に市街地を形成している区域及びおおむね10年以内に優先的かつ計画的に市街化を図るべき区域」と位置付けられました。また、昭和47（1972）年からの固定資産税は、市街化区域内農地の宅地化の促進と周辺宅地との税負担の均衡を図る観点から、宅地並み課税が行われるようになりました。

図表４ 三大都市圏の特定市における生産緑地地区等の面積の推移

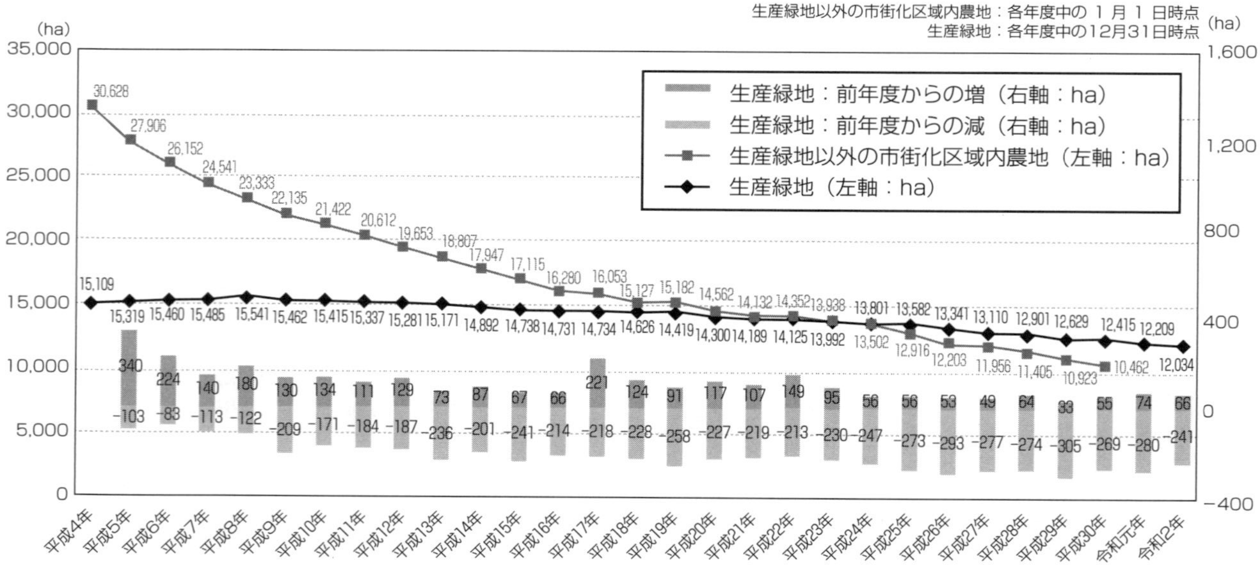

（出典）国土交通省ホームページ「三大都市圏特定市における生産緑地地区等の面積推移」

そして、昭和49（1974）年に生産緑地法が制定され、生産緑地地区内の農地は宅地並み課税が免除されることとなりました。ただし、非生産緑地においても実際は農地所有者の反対や農業経営の継続と宅地化促進との調整等の理由により、宅地並み課税の実質免除措置が実施されるケースが多くみられていました。

また、昭和57（1982）年には長期営農継続農地制度（固定資産税の納税猶予）が創設され、10年以上の長期営農継続の意思があり、現に耕作の用に供されている場合には、宅地並み課税と農地相当課税との差を徴収猶予し、5年経過後に税額を免除することとされました。

その後、昭和63（1988）年6月に閣議決定された「総合土地対策要綱」では、市街化区域内農地を「宅地化するもの」と「保全するもの」に区分するとともに長期営農継続農地制度が見直され、また、市街化区域内農地のうち保全すべき農地以外の相続税納税猶予の見直しが行われました。

そして、平成3（1991）年、宅地供給促進が特に必要な三大都市圏について、租税特別措置法上、特定市が導入され、そこでの納税猶予廃止とあわせて生産緑地法が改正され、三大都市圏の特定市については、生産緑地地区のみ固定資産税の農地課税と終身営農を条件に相続税等の納税猶予が適用されることとなりました。

（3）生産緑地の要件

市町村は、市街化区域内の農地で、次に該当する区域について都市計画に生産緑地地区を定めることができます。

① 良好な生活環境の確保に相当の効果があり、公共施設等の敷地に供する用地として適しているもの

② 500 m^2（条例により300 m^2）以上の面積

③ 農林業の継続が可能な条件を備えているもの

なお、生産緑地の面積要件は、他者の生産緑地とあわせて500 m^2 以上（条例により300 m^2 以上）であれば指定が受けられます。

図表5 生産緑地法の概要

対象地区	① 市街化区域内の農地等であること ② 公害等の防止、農林漁業と調和した都市環境の保全の効用を有し、公共施設等の用地に適したものであること ③ 用排水等の営農継続可能条件を備えていること
地区面積	500 m² 以上（条例により 300 m² 以上）
建築等の制限	宅地造成・建物等の建築等には市町村長の許可が必要（農林漁業を営むために必要である一定の施設及び市民農園に係る施設等以外の場合は原則不許可）
買取り申出	指定から 30 年経過後又は生産緑地に係る主たる農林漁業従事者又はそれに準ずる者の死亡等のとき、市町村長へ時価での買取り申出が可能（不成立の場合は、3 か月後制限解除）

(4) 生産緑地の行為制限

市街化区域内にある農地が生産緑地に指定されると、原則として、農地としてしか利用できないこととなります。

生産緑地において建築物の新築、宅地造成などを行いたい場合には、市町村長の許可を受けなければなりませんが、市町村長はその生産緑地において農林漁業を営むために必要となる次の①から③のような施設の設置等に限り、許可をすることができます。

① 建築物その他の工作物の新築、改築又は増築

② 宅地の造成、土石の採取その他の土地の形質の変更

③ 水面の埋立て又は干拓

(5) 買取りの申出

生産緑地についてはこのような制限がある一方、買取りの申出の制度が設けられており、農林漁業の主たる従事者が死亡等の理由により従事することができなくなった場合、又は、生産緑地として指定（告示）された日から30年を経過した場合には、市町村長に対してその生産緑地を時価で買い取るべき旨を申し出ることができます。

市町村長は、申出がやむを得ないものであると認めるときは、その生産緑地

を自ら買い取るか、または、買い取らない旨の通知をしたときには、その生産緑地において農林漁業に従事することを希望する者が取得できるようにあっせんすることに努めることとされています。

上記の買取りの申出がなされた生産緑地について、申出の日から起算して3か月以内にその所有権が移転しない場合には、生産緑地における利用制限は解除されます。

(6) 主たる従事者

なお、ここでいう「主たる従事者」とは、中心になって農業に従事していた者をいいますが、以下の者を含みます。

① 主たる従事者が65歳未満である場合、主たる従事者が1年間に従事した日数の8割以上従事した者

② 主たる従事者が65歳以上である場合、主たる従事者が1年間に従事した日数の7割以上従事した者

③ 都市農地貸借法及び特定農地貸付法に基づいて生産緑地を賃貸している場合、主たる従事者が1年間に従事した日数の1割以上従事した者

2 生産緑地の2022年問題

POINT

生産緑地については、平成4（1992）年の指定から30年間が経過する令和4（2022）年に指定解除が集中することが予想されてきたため、①面積要件（500 m^2 以上）を条例により300㎡以上に引下げ可能とする、②農作物等加工施設、農作物等直売所、農家レストランの設置を可能とする、③「特定生産緑地制度」として生産緑地の指定を10年ごとに更新する制度の創設するなどの対応が採られてきました。

生産緑地の多くは、平成4年（1992年）の生産緑地法の改正により指定を受けた農地であるため、指定から30年間が経過する令和4（2022）年に生産緑地

の指定解除が集中することが予想されてきました。そのような一斉解除がなされると、農地の保全が図られなくなるほか、市街地における宅地の供給が過剰となることが懸念されます。これがいわゆる「2022年問題」です。

こうした問題に対応するため、平成29（2017）年に以下のような生産緑地法の改正が行われています。

（1）面積要件の引下げ

生産緑地の指定を受けるためには、一団の農地で500 m^2以上の地積が必要となります。

そのため、従来は、農地所有者に営農の意思があっても、要件を満たさない小規模な農地については保全対象となりませんでした。また、生産緑地の面積要件は「一団の農地」であるため、隣接する複数の農地であわせて500 m^2以上であればよいのですが、その一部の農地が生産緑地の解除となると、面積を充たさないもう一方の農地まで解除となってしまいました（いわゆる「道連れ解除」）。

そこで、改正により、生産緑地地区の面積要件を条例で300 m^2まで引き下げることが可能となりました。

（2）建築規制の緩和

生産緑地地区内に設置可能な建築物は、以下の①から④のような農林漁業を営むために必要で、生活環境の悪化をもたらすおそれがないものに厳しく限定されています。

①　生産又は集荷の用に供する施設

ビニールハウス、温室、育種苗施設、農産物の集荷施設　等

②　生産資材の貯蔵又は保管の用に供する施設

農機具の収納施設、種苗貯蔵施設　等

③　処理又は貯蔵に必要な共同利用施設

共同で利用する選果場　等

④　休憩施設その他

休憩所（市民農園利用者用を含む）、農作業講習施設　等

そこで、改正により、営農継続の観点から、新鮮な農産物等への需要に応え、農業者の収益性を高める下記施設が追加されました。

（イ）　生産緑地内で生産された農産物等を主たる原材料とする製造・加工施設

（ロ）　生産緑地内で生産された農産物等又は製造・加工されたものを販売する施設

（ハ）　生産緑地内で生産された農産物等を主たる材料とするレストラン

3　特定生産緑地制度

POINT

特定生産緑地とは、指定から30年が経過した生産緑地について、さらに生産緑地の指定を10年ごとに更新できるとしたものです。

生産緑地に指定された後、30年が経過すると市町村長に対して買取り申出ができることとなります。そこで、平成29年の改正により、生産緑地の指定の日から30年を経過する生産緑地については、事前に「特定生産緑地」として市町村長の指定を受けることにより、買取り申出ができる時期が延長される制度が創設されました。

特定生産緑地の指定は、生産緑地の指定の告示日から30年経過後（申出基準日）までに行うものとされ、その指定の期限は、その申出基準日から10年となります。「申出基準日」とは、生産緑地地区に関する都市計画の告示の日から起算して30年を経過する日をいいます。また、「指定期限日」とは、申出基準日から起算して10年を経過する日（指定の期限の延長がされたときは、その延長後の期限が経過する日）をいいます。

また、10年を経過する日が近く到来することとなる特定生産緑地について、

その日以後においても指定を継続する必要があると認めるときは、その指定の期限をさらに10年ごとに更新することができることとされています。

ただし、申出基準日までに特定生産緑地の指定を行わない場合は、以降、特定生産緑地の指定は受けられないこととなります。

この場合は、そのまま生産緑地となりますが、行為制限がなされたまま、農地課税から宅地並課税へ5年間で段階的に上昇することになります（買取りの申出はいつでも可能です）。

図表6 平成4年告示の場合の特定生産緑地制度

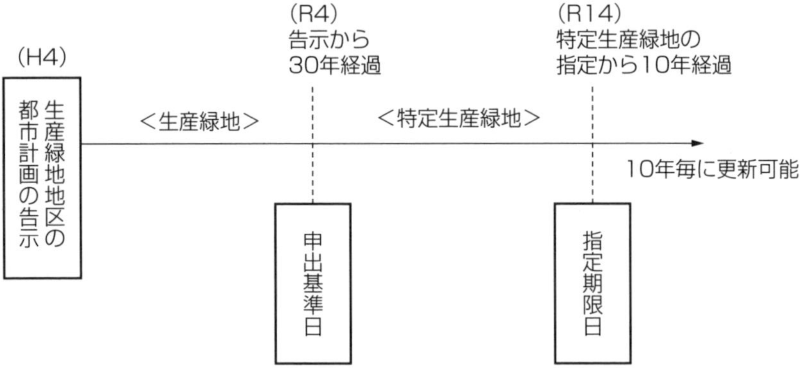

4　生産緑地と納税猶予

POINT

納税猶予期間中に生産緑地について買取りの申出等があった場合には、その買取りがあった日の翌日から2月を経過する日をもって納税猶予が確定となりますが、特定生産緑地については、10年更新をした場合には引き続き納税猶予の継続が可能となります。

申出基準日までに特定生産緑地の指定がされなかった場合や指定期限日までに指定の期限の延長がされなかった場合については、新たに納税猶予制度の特例を受けることはできませんが、既に納税猶予の特例の適用を受けている猶予適用者については、現に適用を受けている納税猶予に限り、引き続きその猶予が継続されます。

(1) 都市営農農地等の範囲の改正

納税猶予の適用対象とされている都市営農農地等の範囲について、平成30年度税制改正により、特定生産緑地が追加されました。

一方で、次の①から④のような生産緑地については除外されることとなりました。

① 買取りの申出がされたもの

② 申出基準日までに特定生産緑地の指定がされなかったもの

③ 指定期限日までに特定生産緑地の指定の期限の延長がされなかったもの

④ 特定生産緑地の指定が解除されたもの

(2) 納税猶予の打切り事由

納税猶予期間中に生産緑地について買取りの申出等があった場合には、その買取りがあった日の翌日から2月を経過する日をもって納税猶予が確定（打切り）となります。

なお、特定生産緑地において、申出基準日までに指定がされなかった場合や指定期限日までに指定の期限の延長がされなかった場合については、新たに納税猶予制度の特例を受けることはできませんが、これらの指定又は延長を受けなかったことは納税猶予の確定事由とはされていないことから、納税猶予の特例の適用を受けている猶予適用者については、現に適用を受けている納税猶予に限り、その猶予が継続されます。

【ケーススタディ】特定生産緑地の指定を受けない場合

Q 農業相続人甲は、平成25年4月に父から生産緑地Aを相続により取得し、相続税の納税猶予の適用を受けています。その後、平成30年5月に母から生産緑地Bを相続により取得し、引き続き耕作を行っています。

甲は、生産緑地A及びBについて、いずれも令和4（2022）年に申出基準日を迎えるものの、特定生産緑地としての指定を受ける予定はありません。なお、甲は、これらの生産緑地の買取りの申出をせずに引き続き耕作を継続する予定です。

この場合、次の（1）及び（2）はどのようになりますか。

(1) 生産緑地Bは、母の相続税申告において、納税猶予の特例の適用対象となる都市営農農地等に該当するか。

(2) 納税猶予の特例の適用を受けている生産緑地について、特定生産緑地の指定を受けないことは、納税猶予の確定事由となるか。

A （1）生産緑地Bは納税猶予の特例の適用対象となる都市営農農地等に該当します。

(2) 生産緑地A及びBについて、特定生産緑地の指定を受けないことは、納税猶予の確定事由とはなりません。

図表 7 特定生産緑地の指定を受けた場合と受けない場合の比較

項目	特定生産緑地の指定を受けた場合	特定生産緑地の指定を受けない場合
生産緑地指定から30年経過後	生産緑地＋特定生産緑地に指定される	生産緑地に指定されたまま（規制あり）
買取申出	主たる農業従事者の死亡等の場合のみ可能	いつでも可能
固定資産税等	引き続き農地課税	農地課税から宅地並課税へ5年間で段階的に上昇
相続税等納税猶予	次の相続においても適用可	現在適用している納税猶予のみ継続
更新	10年ごとに指定の継続が可能	買取申出しない限り規制が継続。申出基準日後の特定生産緑地指定は不可

巻末資料

①パターン別　納税猶予制度の適否
②各制度における三大都市圏の範囲

【巻末資料①　パターン別　納税猶予制度の適否】

左から右へ、左側が被相続人の利用状況、右側が相続人の利用状況です。

例えば、【生産緑地】において、**〈被相続人〉**が自ら農業を行っており、相続開始後、**〈相続人〉**が一定期間内に認定都市農地貸付け等による市民農園を開始した場合には、納税猶予の適用を受けることができます。

納税猶予の適用・継続欄の「○」は猶予が受けられるもの、「×」は猶予が受けられない又は打切りとなるものを示します。

〈被相続人〉	相続開始　〈相続人〉	納税猶予の適用・継続
自ら農業	自ら農業	○
耕作権設定による貸農地	耕作権設定による貸農地	×
耕作権設定による貸農地	自ら農業	×
自ら農業	耕作権設定による貸農地	×
市民農園（体験利用方式）	市民農園（体験利用方式）	○
【生産緑地】 自ら農業	市民農園（認定都市農地貸付け等）	○
【生産緑地】 市民農園（認定都市農地貸付け等）	自ら農業	○
【生産緑地】 市民農園（認定都市農地貸付け等）	市民農園（認定都市農地貸付け等）	○
【生産緑地】 自ら農業	市民農園（特定農地貸付け）	×（※1）
【生産緑地】 市民農園（特定農地貸付け）	自ら農業	×（※1）
【生産緑地】 市民農園（特定農地貸付け）	市民農園（特定農地貸付け）	×（※1）
【生産緑地】 市民農園（特定農地貸付け）	市民農園（認定都市農地貸付け等）	×（※2）
【生産緑地】 自ら農業	自ら農業 → 市民農園（認定都市農地貸付け等）	○

〈被相続人〉	相続開始　〈相続人〉	納税猶予の適用・継続
【生産緑地】 自ら農業	自ら農業 ｜ 市民農園（特定農地貸付け）	×（※1）
【生産緑地】 市民農園（体験利用方式）	市民農園（体験利用方式） ｜ 市民農園（認定都市農地貸付け等）	○
【三大都市圏特定市の非生産緑地】 自ら農業	自ら農業	×（※3）
【三大都市圏特定市の非生産緑地】 自ら農業	市民農園（特定農地貸付け）	×
【三大都市圏特定市の非生産緑地】 市民農園（特定農地貸付け）	自ら農業	×
【三大都市圏特定市の非生産緑地】 市民農園（特定農地貸付け）	市民農園（特定農地貸付け）	×
【三大都市圏特定市の非生産緑地】 自ら農業	自ら農業 ｜ 市民農園（特定農地貸付け）	×
【三大都市圏特定市の非生産緑地】 市民農園（体験利用方式）	市民農園（体験利用方式） ｜ 市民農園（特定農地貸付け）	×
【三大都市圏特定市以外の非生産緑地】 自ら農業	自ら農業	○
【三大都市圏特定市以外の非生産緑地】 自ら農業	市民農園（特定農地貸付け）	×（※1）
【三大都市圏特定市以外の非生産緑地】 市民農園（特定農地貸付け）	自ら農業	×（※1）
【三大都市圏特定市以外の非生産緑地】 市民農園（特定農地貸付け）	市民農園（特定農地貸付け）	×（※1）
【三大都市圏特定市以外の非生産緑地】 市民農園（体験利用方式）	市民農園（体験利用方式） ｜ 市民農園（特定農地貸付け）	×（※1）
【市街化区域外】 自ら農業	特定貸付け	○
【市街化区域外】 特定貸付け	自ら農業	○
【市街化区域外】 特定貸付け	特定貸付け	○
【市街化区域外】 自ら農業	市民農園（特定農地貸付け）	×（※1）

相続開始

〈被相続人〉	〈相続人〉	納税猶予の適用・継続
【市街化区域外】 市民農園（特定農地貸付け）	自ら農業	×（※1）
【市街化区域外】 市民農園（特定農地貸付け）	市民農園（特定農地貸付け）	×（※1）
【市街化区域外】 自ら農業	自ら農業 → 特定貸付け	○
【市街化区域外】 自ら農業	自ら農業 → 市民農園（特定農地貸付け）	×（※1）
【市街化区域】 自ら農業	自ら農業 → 営農困難時貸付け	○
【市街化区域】 自ら農業 → 営農困難時貸付け	自ら農業	○
【市街化区域】 自ら農業 → 営農困難時貸付け	営農困難時貸付け	×（※4）

（注 1） 体験利用方式は、農地所有者が営農している場合をいいます。
（注 2） 「市民農園（認定都市農地貸付け等）」には、都市農業者への賃貸（認定都市農地貸付け）と一定の市民農園としての賃貸（農園用地貸付け）を含みます。

（※ 1） 特定農地貸付けは適用不可
（※ 2） 被相続人が要件を満たしていない
（※ 3） 三大都市圏特定市では生産緑地でないと不可
（※ 4） 相続人が営農困難は不可

【巻末資料②　各制度における三大都市圏の範囲】

（イ）　納税猶予欄の「○」は、納税猶予制度で三大都市圏特定市として取り扱うことを表しています。

（ロ）　地積規模の大きな宅地欄の「○」は、地積規模の大きな宅地の定義が500 m^2 以上のものをいい、それ以外の地域は1,000 m^2 となります。「△」と表示されている市町村は、その行政区域の一部が区域指定されているものであり、評価対象地が指定された区域内に所在するか否かは、市町村又は府県の窓口で確認する必要があります。

（ハ）　固定資産税欄の「○」は、市街地農地の固定資産税が、宅地並み評価・宅地並み課税の特定市街化区域農地課税となる地域をいいます。

（ニ）　生産緑地採否欄の「○」は生産緑地制度を採用している自治体をいいます。なお、生産緑地制度を採用している自治体においては、市街地農地が生産緑地に指定されると、固定資産税は農地評価・農地課税となります。

区分	都府県名	都市名		納税猶予	地積規模の大きな宅地	固定資産税	生産緑地採否
首都圏	茨城県	竜（龍）ヶ崎市		○	○	○	○
		水海道市	H18～常総市	○	△	○	○
		取手市		○	○	○	○
		岩井市	H17～坂東市	○	○	○	○
		牛久市		○	○	○	○
		常陸太田市		×	○	×	○
		守谷市		×	○	○	○
		つくばみらい市		×	○	○	○
		五霞町		×	○	×	○
		境町		×	○	×	×
		利根町		×	○	×	×

<table>
<tr><th>区分</th><th>都府県名</th><th colspan="2">都市名</th><th>納税猶予</th><th>地積規模の大きな宅地</th><th>固定資産税</th><th>生産緑地採否</th></tr>
<tr><td rowspan="27">首都圏</td><td rowspan="27">埼玉県</td><td>川口市</td><td rowspan="2">H23～川口市</td><td>○</td><td rowspan="2">○</td><td rowspan="2">○</td><td rowspan="2">○</td></tr>
<tr><td>鳩ケ谷市</td><td>○</td></tr>
<tr><td colspan="2">川越市</td><td>○</td><td>○</td><td>○</td><td>○</td></tr>
<tr><td>浦和市</td><td rowspan="4">H13～さいたま市</td><td>○</td><td rowspan="4">○</td><td rowspan="4">○</td><td rowspan="4">○</td></tr>
<tr><td>大宮市</td><td>○</td></tr>
<tr><td>岩槻市</td><td>○</td></tr>
<tr><td>与野市</td><td>○</td></tr>
<tr><td colspan="2">行田市</td><td>○</td><td>○</td><td>○</td><td>○</td></tr>
<tr><td colspan="2">所沢市</td><td>○</td><td>○</td><td>○</td><td>○</td></tr>
<tr><td colspan="2">飯能市</td><td>○</td><td>△</td><td>○</td><td>○</td></tr>
<tr><td colspan="2">加須市</td><td>○</td><td>○</td><td>○</td><td>○</td></tr>
<tr><td colspan="2">東松山市</td><td>○</td><td>○</td><td>○</td><td>○</td></tr>
<tr><td colspan="2">春日部市</td><td>○</td><td>○</td><td>○</td><td>○</td></tr>
<tr><td colspan="2">狭山市</td><td>○</td><td>○</td><td>○</td><td>○</td></tr>
<tr><td colspan="2">羽生市</td><td>○</td><td>○</td><td>○</td><td>○</td></tr>
<tr><td colspan="2">鴻巣市</td><td>○</td><td>○</td><td>○</td><td>○</td></tr>
<tr><td colspan="2">上尾市</td><td>○</td><td>○</td><td>○</td><td>○</td></tr>
<tr><td colspan="2">草加市</td><td>○</td><td>○</td><td>○</td><td>○</td></tr>
<tr><td colspan="2">越谷市</td><td>○</td><td>○</td><td>○</td><td>○</td></tr>
<tr><td colspan="2">蕨市</td><td>○</td><td>○</td><td>○</td><td>○</td></tr>
<tr><td colspan="2">戸田市</td><td>○</td><td>○</td><td>○</td><td>○</td></tr>
<tr><td colspan="2">志木市</td><td>○</td><td>○</td><td>○</td><td>○</td></tr>
<tr><td colspan="2">和光市</td><td>○</td><td>○</td><td>○</td><td>○</td></tr>
<tr><td colspan="2">桶川市</td><td>○</td><td>○</td><td>○</td><td>○</td></tr>
<tr><td colspan="2">新座市</td><td>○</td><td>○</td><td>○</td><td>○</td></tr>
<tr><td colspan="2">朝霞市</td><td>○</td><td>○</td><td>○</td><td>○</td></tr>
<tr><td colspan="2">入間市</td><td>○</td><td>○</td><td>○</td><td>○</td></tr>
</table>

		久喜市		○	○	○	○
		北本市		○	○	○	○
		上福岡市	H17～ふじみ野市	○	○	○	○
		大井町		×			
		富士見市		○	○	○	○
		八潮市		○	○	○	○
		蓮田市		○	○	○	○
		三郷市		○	○	○	○
		坂戸市		○	○	○	○
		幸手市		○	○	○	○
		鶴ヶ島市		×	○	○	○
		日高市		×	○	○	○
		吉川市		×	○	○	○
		白岡市		×	○	○	○
		熊谷市		×	△	○	○
		伊奈町		×	○	×	×
		三芳町		×	○	×	×
		毛呂山町		×	○	×	×
		越生町		×	○	×	×
		滑川町		×	○	×	×
		嵐山町		×	○	×	×
		川島町		×	○	×	×
		吉見町		×	○	×	×
		鳩山町		×	○	×	×
		宮代町		×	○	×	×
		杉戸町		×	○	×	×
		松伏町		×	○	×	×
		本庄市		×	×	×	×
		深谷市		×	×	×	×
		秩父市		×	×	×	×

区分	都府県名	都市名		納税猶予	地積規模の大きな宅地	固定資産税	生産緑地採否
首都圏	東京都	特別区		○	○	○	△
		武蔵野市		○	○	○	○
		三鷹市		○	○	○	○
		八王子市		○	○	○	○
		立川市		○	○	○	○
		青梅市		○	○	○	○
		府中市		○	○	○	○
		昭島市		○	○	○	○
		調布市		○	○	○	○
		町田市		○	○	○	○
		小金井市		○	○	○	○
		小平市		○	○	○	○
		日野市		○	○	○	○
		東村山市		○	○	○	○
		国分寺市		○	○	○	○
		国立市		○	○	○	○
		福生市		○	○	○	○
		多摩市		○	○	○	○
		稲城市		○	○	○	○
		狛江市		○	○	○	○
		武蔵村山市		○	○	○	○
		東大和市		○	○	○	○
		清瀬市		○	○	○	○
		東久留米市		○	○	○	○
		保谷市	H13～西東京市	○	○	○	○
		田無市		○			
		秋川市	H7～あきる野市	○	○	○	○

		羽村市	×	○	○	○
		瑞穂町	×	○	×	×
		日の出町	×	○	×	×
	千葉県	千葉市	○	○	○	○
		市川市	○	○	○	○
		船橋市	○	○	○	○
		木更津市	○	△	○	○
		松戸市	○	○	○	○
		野田市	○	○	○	○
		成田市	○	△	○	○
		佐倉市	○	○	○	○
		習志野市	○	○	○	○
		柏市	○	○	○	○
		市原市	○	△	○	○
		君津市	○	△	○	○
		富津市	○	△	○	○
		八千代市	○	○	○	○
		浦安市 （農地がない）	－	○	－	－
		鎌ヶ谷市	○	○	○	○
		流山市	○	○	○	○
		我孫子市	○	○	○	○
		四街道市	○	○	○	○
		印西市	×	○	○	○
		白井市	×	○	○	○
		富里市	×	○	○	○
		袖ケ浦市	×	△	○	○
		酒々井町	×	○	×	×
		栄町	×	○	×	×
	神奈川県	横浜市	○	○	○	○
		川崎市	○	○	○	○

区分	都府県名	都市名	納税猶予	地積規模の大きな宅地	固定資産税	生産緑地採否
首都圏	神奈川県	横須賀市	○	○	○	○
		平塚市	○	○	○	○
		鎌倉市	○	○	○	○
		藤沢市	○	○	○	○
		小田原市	○	○	○	○
		茅ケ崎市	○	○	○	○
		逗子市	○	○	○	○
		相模原市	○	△	○	○
		三浦市	○	○	○	○
		秦野市	○	○	○	○
		厚木市	○	○	○	○
		大和市	○	○	○	○
		海老名市	○	○	○	○
		座間市	○	○	○	○
		伊勢原市	○	○	○	○
		南足柄市	○	○	○	○
		綾瀬市	○	○	○	○
		葉山町	×	○	×	×
		寒川町	×	○	×	×
		大磯町	×	○	×	×
		二宮町	×	○	×	×
		中井町	×	○	×	×
		大井町	×	○	×	×
		松田町	×	○	×	×
		開成町	×	○	×	×
		愛川町	×	○	×	×
中部圏	静岡県	静岡市	×	×	○	○

		浜松市		×	×	○	○
	愛知県	名古屋市		○	○	○	○
		岡崎市		○	△	○	○
		一宮市	H17〜一宮市	○	○	○	○
		尾西市		○			
		瀬戸市		○	○	○	○
		半田市		○	○	○	○
		春日井市		○	○	○	○
		津島市		○	○	○	○
		碧南市		○	○	○	○
		刈谷市		○	○	○	○
		豊田市		○	△	○	○
		安城市		○	○	○	○
		西尾市		○	○	○	○
		犬山市		○	○	○	○
		常滑市		○	○	○	○
		江南市		○	○	○	○
		小牧市		○	○	○	○
		稲沢市		○	○	○	○
		東海市		○	○	○	○
		尾張旭市		○	○	○	○
		知立市		○	○	○	○
		高浜市		○	○	○	○
		大府市		○	○	○	○
		知多市		○	○	○	○
		岩倉市		○	○	○	○
		豊明市		○	○	○	○
		日進市		×	○	○	○
		愛西市		×	○	○	○
		清須市		×	○	○	○

区分	都府県名	都市名	納税猶予	地積規模の大きな宅地	固定資産税	生産緑地採否
中部圏	愛知県	北名古屋市	×	○	○	○
		弥富市	×	○	○	○
		みよし市	×	○	○	○
		あま市	×	○	○	○
		長久手市	×	○	○	○
		東郷町	×	○	×	×
		豊山町	×	○	×	×
		大口町	×	○	×	○
		扶桑町	×	○	×	×
		大治町	×	○	×	×
		蟹江町	×	○	×	×
		阿久比町	×	○	×	×
		東浦町	×	○	×	×
		南知多町	×	○	×	×
		美浜町	×	○	×	×
		武豊町	×	○	×	×
		幸田町	×	○	×	×
		飛鳥村	×	○	×	×
	三重県	四日市市	○	○	○	○
		桑名市	○	○	○	○
		木曽岬町	×	○	×	×
		東員町	×	○	×	×
		朝日町	×	○	×	×
		川越町	×	○	×	×
		いなべ市	×	△	○	×
近畿圏	京都府	京都市	○	△	○	○
		宇治市	○	△	○	○

	京都府	亀岡市	○	○	○	○
		向日市	○	○	○	○
		長岡京市	○	△	○	○
		城陽市	○	△	○	○
		八幡市	○	○	○	○
		京田辺市	×	○	○	○
		木津川市	×	○	○	○
		南丹市	×	△	○	○
		久御山町	×	○	×	×
		井手町	×	○	×	×
		精華町	×	○	×	×
		大山崎町	×	△	×	○
	大阪府	（大阪市）	○	○	○	○
		守口市	○	○	○	○
		東大阪市	○	△	○	○
		堺市	○	○	○	○
		岸和田市	○	△	○	○
		豊中市	○	○	○	○
		池田市	○	△	○	○
		吹田市	○	○	○	○
		泉大津市	○	○	○	○
		高槻市	○	△	○	○
		貝塚市	○	△	○	○
		枚方市	○	△	○	○
		茨木市	○	△	○	○
		八尾市	○	△	○	○
		泉佐野市	○	△	○	○
		富田林市	○	○	○	○
		寝屋川市	○	○	○	○
		河内長野市	○	△	○	○

区分	都府県名	都市名	納税猶予	地積規模の大きな宅地	固定資産税	生産緑地採否
近畿圏	大阪府	松原市	○	○	○	○
		大東市	○	△	○	○
		和泉市	○	△	○	○
		箕面市	○	△	○	○
		柏原市	○	△	○	○
		羽曳野市	○	△	○	○
		門真市	○	○	○	○
		摂津市	○	○	○	○
		泉南市	○	△	○	○
		藤井寺市	○	○	○	○
		交野市	○	△	○	○
		四條畷市	○	△	○	○
		高石市	○	○	○	○
		大阪狭山市	○	○	○	○
		阪南市	×	△	○	○
		忠岡町	×	○	×	×
		田尻町	×	○	×	×
		島本町	×	△	×	×
		豊能町	×	△	×	×
		能勢町	×	△	×	×
		熊取町	×	△	×	×
		岬町	×	△	×	×
		太子町	×	△	×	×
		河南町	×	△	×	×
		千早赤阪村	×	△	×	○
	兵庫県	（神戸市）	○	△	○	○
		尼崎市	○	○	○	○

	兵庫県	西宮市	○	△	○	○
		芦屋市	○	△	○	○
		伊丹市	○	○	○	○
		宝塚市	○	△	○	○
		川西市	○	△	○	○
		三田市	○	△	○	○
		猪名川町	×	△	×	×
	奈良県	奈良市	○	△	○	○
		大和高田市	○	○	○	○
		大和郡山市	○	△	○	○
		天理市	○	△	○	○
		橿原市	○	△	○	○
		桜井市	○	△	○	○
		五条市	○	△	○	○
		御所市	○	△	○	○
		生駒市	○	△	○	○
		香芝市	×	△	○	○
		葛城市	×	△	○	○
		宇陀市	×	△	○	○
		安堵町	×	○	×	×
		川西町	×	○	×	×
		三宅町	×	○	×	×
		田原本町	×	○	×	×
		上牧町	×	○	×	×
		王寺町	×	○	×	×
		広陵町	×	○	×	×
		河合町	×	○	×	×
		大淀町	×	○	×	×
		平群町	×	△	×	×
		三郷町	×	△	×	×

区分	都府県名	都市名	納税猶予	地積規模の大きな宅地	固定資産税	生産緑地採否
近畿圏	奈良県	斑鳩町	×	△	×	×
		高取町	×	△	×	×
		明日香村	×	△	×	×
		吉野町	×	△	×	×
		下市町	×	△	×	×

（注）生産緑地を実施している自治体については、国土交通省「都市計画現況調査 §2 都市計画区域、市街化区域、地域地区の決定状況 （24）生産緑地地区」令和２年現在

〈具体例〉

①武蔵野市（東京都）は、納税猶予の三大都市圏に該当し、地積規模の大きな宅地も500m^{2}以上となります。固定資産税も三大都市圏に該当して市街地農地が宅地並み課税となるため、生産緑地制度を採用しています。

②羽村市（東京都）は、納税猶予の三大都市圏に該当しませんが、地積規模の大きな宅地は500m^{2}以上となります。固定資産税は三大都市圏に該当して市街地農地が宅地並み課税となるため、生産緑地制度を採用しています。

③常陸太田市（茨城県）は、納税猶予の三大都市圏に該当しませんが、地積規模の大きな宅地は500m^{2}以上となります。なお、固定資産税の三大都市圏に該当しないため宅地並評価・農地に準じた課税となりますが、農地によっては宅地並みに高い水準となることがあるため生産緑地を採用しています。

④本庄市（埼玉県）は、納税猶予の三大都市圏に該当せず、地積規模の大きな宅地も1,000m^{2}以上となります。固定資産税の三大都市圏にも当たらないため、市街地農地は宅地並み評価・農地に準じた課税（農地によっては宅地並みに高い水準）となりますが、生産緑地制度は採用していません。

⑤静岡市（静岡県）は、納税猶予の三大都市圏に該当せず、地積規模の大きな宅地も1,000m^{2}以上となります。なお、固定資産税の三大都市圏には該当して市街地農地が宅地並み課税となるため、生産緑地制度を採用しています。

用語索引

【あ行】

【か行】

【さ行】

【た行】

【な行】

【は行・や行・ら行】

【著者略歴】

風岡　範哉（かざおか・のりちか）

1978年生まれ、税理士・宅地建物取引士。
主な著作物に『相続税・贈与税 通達によらない評価の事例研究』（現代図書、2008年）、『税務調査でそこが問われる！相続税・贈与税における名義預金・名義株の税務判断』（清文社、2015年）、『新版 グレーゾーンから考える 相続・贈与税の土地適正評価の実務』（清文社、2016年）、主な論文に「財産評価基本通達6項の現代的課題」第28回日税研究賞入選（2005年）がある。

著者との契約により検印省略

令和4年3月15日　初版発行

相続税・贈与税
農地の納税猶予がスッキリわかる本
仕組みの基礎と活用のポイント

著　者　風　岡　範　哉
発行者　大　坪　克　行
印刷所　美研プリンティング株式会社
製本所　牧製本印刷株式会社

発行所　〒161-0033　東京都新宿区下落合2丁目5番13号　株式会社　**税務経理協会**
振替　00190-2-187408
電話（03）3953-3301（編集部）
FAX（03）3565-3391
（03）3953-3325（営業部）
URL　http://www.zeikei.co.jp/
乱丁・落丁の場合は，お取替えいたします。

ISBN978－4－419－06839－4　C3034